Steven De La Rosa

# Evaluación hidráulica y operativa de la PTAR compacta

Steven De La Rosa

# Evaluación hidráulica y operativa de la PTAR compacta

## De la urbanización Campestre Macadamia en el municipio de La Calera

**Editorial Académica Española**

**Imprint**
Any brand names and product names mentioned in this book are subject to trademark, brand or patent protection and are trademarks or registered trademarks of their respective holders. The use of brand names, product names, common names, trade names, product descriptions etc. even without a particular marking in this work is in no way to be construed to mean that such names may be regarded as unrestricted in respect of trademark and brand protection legislation and could thus be used by anyone.

Cover image: www.ingimage.com

Publisher:
Editorial Académica Española
is a trademark of
International Book Market Service Ltd., member of OmniScriptum Publishing Group
17 Meldrum Street, Beau Bassin 71504, Mauritius
Printed at: see last page
ISBN: 978-620-3-03621-3

# Tabla de contenido

**Listado de tablas**

## Listado de figuras

# INTRODUCCIÓN

La Ingeniería Sanitaria está enfocada a satisfacer las necesidades de la población en el sector del Saneamiento Básico, por medio del diseño, evaluación, gestión, planeación, control y ejecución de obras y proyectos enfocados al manejo sanitario del agua residual y el agua potable. Al ser una profesión con un espectro amplio del conocimiento, permite al ingeniero estar en un proceso de aprendizaje continuo, mejorando sus capacidades académicas, profesionales y personales. Esta carrera al tener una matriz teórica-practica, permite al estudiante, poner en práctica sus conocimientos en el ámbito laboral, como pasante en diferentes actividades dentro del campo de acción de la Ingeniería Sanitaria. Con base en este objetivo, es donde las empresas prestadoras de los servicios de saneamiento básico interpretan un papel importante para el proceso de materialización de los conocimientos impartidos en la academia, permitiendo al profesional poner en práctica sus habilidades. En este contexto, el ACUEDUCTO RURAL DE TRES QUEBRADAS, prestador de los servicios de agua potable, alcantarillado y tratamiento de aguas residuales del Conjunto Macadamia ubicado en el municipio de La Calera, se constituye como el ente dentro, del cual se pueden poner en práctica los conocimientos relacionados con el diseño, evaluación y control de platas de tratamiento de agua residual, adquiridos en el proceso de formación del perfil profesional del Ingeniero Sanitario, con el fin de dar la oportunidad a ingenieros en formación la empresa prestadora de servicio acueducto y alcantarillado abrió una convocatoria a pasantes, a la cual al autor se postula, quedando elegido para prestar el apoyo pasante dentro de la entidad.

Para el desarrollo de pasantía, en el ACUEDUCTO RURAL DE TRES QUEBRADAS, se debe presentar un informe final, el cual tiene como objetivo presentar las actividades ejecutadas y los principales resultados obtenidos al prestar servicios de apoyo como pasante de ingeniería en la *Evaluación Hidráulica y de operatividad de la PTAR de la urbanización Campestre Macadamia en el municipio de La Calera,* administrada por el ACUEDUCTO RURAL DE TRES QUEBRADAS, el cual se encarga de operar y hacer mantenimiento de la planta de tratamiento de agua residual.

El presente informe se estructura de la siguiente manera:

1. Objetivos: se describe el objetivo general y los objetivos específicos de la pasantía.

2. Marco conceptual: se presentan los principales conceptos empleados durante la pasantía y el desarrollo del presente informe.

3. Desarrollo de la pasantía: se describen las actividades desarrolladas.

4. Recopilación y análisis de la información: se recopila la información necesaria para el desarrollo de la pasantía, tanto de fuentes internas como externas.

5. Descripción y análisis de los resultados: se plasman los principales resultados obtenidos de las actividades desarrolladas durante la pasantía y se hace el análisis respectivo.

6. Conclusiones y recomendaciones: se exponen las conclusiones y recomendaciones específicas que surgieron de la experiencia de pasantía.

7. Bibliografía, donde se representan los diferentes textos de referencia utilizados para el diseño de cada unidad.

# 1. OBJETIVOS

## 1.1.  Objetivo general

- Realizar una evaluación hidráulica y de operatividad de la PTAR de la urbanización campestre Macadamia en el municipio de La Calera, con el objeto de evaluar su eficiencia.

## 1.2.  Objetivos específicos

- Calcular la capacidad de tratamiento presente y futura respecto a la proyección de población a servir.
- Determinar la capacidad hidráulica de la planta de tratamiento de agua residual de la urbanización campestre Macadamia en el municipio de La Calera.
- Estimar la eficiencia de remoción de la PTAR y comparar con la normatividad vigentes.
- Plantear una metodología o alternativa de optimización de procesos para la PTAR.

# 2. MARCO TEÓRICO

El saneamiento básico se ha vuelto un tema de gran importancia en la dotación de agua potable y en la recolección y tratamiento de aguas residuales en zonas urbanas y rurales. De tal modo que se ha vuelto imperativo que las comunidades cuenten con redes de acueducto y alcantarillado para garantizar el buen desarrollo de su calidad de vida y mejora de la salud pública ( Lopez-Vazquez, Buitrón Méndez, Cervanes Carrillo, & Hernández García, 2017).

Para el cálculo y/o diseño de obras hidráulicas como acueductos, alcantarillados, PTAR (plantas de tratamiento de agua residual) y PTAP (plantas de tratamiento de agua potable), el RAS recomienda una secuencia de calculo que se referencia a continuación.

## 2.1.  Definición del nivel de complejidad

Para la definición del nivel de complejidad del sistema, se debe tener en cuenta la población de la zona urbana del municipio, proyectada al periodo de diseño estipulado, y un estimado de su capacidad económica y el grado de exigencia técnica que se requiera para adelantar el proyecto (Reglamento Técnico del Sector de Agua Potable Y Saneamiento Básico Titulo A, 2000), como se presenta en la *tabla 1.*

*Tabla 1. Asignación Nivel de complejidad, RAS Título A.*

| Nivel complejidad | Población en la zona urbana (hab)(1) | Capacidad socioeconómica de los usuarios (2) |
|---|---|---|
| Bajo | < 2500 | Baja |
| Medio | 2501 a 12500 | Baja |
| Medio alto | 12501 a 60000 | Media |
| Alto | >60000 | Alta |

(1)  Proyectado al periodo de diseño, incluida la población flotante
(2)  Incluye capacidad económica de la población flotante. Debe ser evaluada según metodología del DNP o cualquier método justificado.

Fuente: RAS Título A Tabla A.3.1

## 2.2. Métodos de cálculo de población:

Para el cálculo de la proyección de población objeto de diseño, el *RAS en el titulo B inciso* B.2.4, plantea una secuencia de cálculo a seguir, para obtener la población futura. Para el presente trabajo, dado que se cuenta con una población fija se obvia este procedimiento, de igual modo, cabe resaltar que par efecto de otros proyectos donde la población varié con el tiempo es necesario aplicar dicha metodología.

## 2.3. Dotación neta máxima

La dotación máxima debe estimarse haciendo uso de información histórica de los consumos de agua potable de los suscriptores, disponible por parte de la entidad prestadora del servicio de acueducto, o en su defecto recopilada por el Sistema Único de Información (SIU), de la Superintendencia de Servicios Públicos y Domésticos (SSPD). En caso de no tener la información se debe utilizar un valor de dotación que no supere los máximos establecidos en la *tabla 2*.

*Tabla 2 Dotación neta máxima por habitante, según altura sobre el nivel del mar.*

| ALTURA PROMEDIO SOBRE EL NIVEL DEL MAR EN LA ZONA ATENDIDA | DOTACIÓN NETA MÁXIMA (L/hab*día) |
|---|---|
| *> 2000 m.s.n.m* | 120 |
| *1000 - 2000 m.s.n.m* | 130 |
| *< 1000 m.s.n.m* | 140 |

Fuente: Resolución 0330 de 2017, articulo 43.

**Dotación agua por habitante:**

$$Dh = DN * N° \ habitantes \qquad (2.3.1)$$

*Dónde:*
*DN = Dotación neta (tabla 4)*

## 2.4. Caudal aguas residuales

La contribución de aguas residuales, debe determinarse con base a la información de consumos históricos de la zona con mediciones periódicas, evaluaciones regulares, y considerando las densidades previstas para el periodo de diseño en relación al Plan Básico de Ordenamiento Territorial o Esquema de Ordenamiento Territorial y Plan de Desarrollo Municipal (Resolucion 0330, 2017).

### 2.4.1. Caudal agua residual domestico

Aporte de origen residencial, procedentes de viviendas y generadas por actividades domésticas. Para el cálculo del caudal del aporte domestico debemos tener en cuenta las consideraciones expresadas en la ecuación 2.5.1:

$$QD = \frac{CR*P*Dneta}{86400} \qquad (2.4.1)$$

Donde:

$Dneta$ = Es la dotación neta de agua potable proyectada por habitante, $L/hab*día$.
$P$ = Es el número de habitantes proyectados al periodo de diseño.
$CR$ = Coeficiente de retorno, 0.85 (Valor asignado en la resolución 0330 de 2017).

### 2.4.2. Caudal medio de agua residual (Qmd)

De acuerdo a la resolución 0330 de 2017, el aporte del caudal medio diario se calcula como la sumatoria de los aportes de caudal doméstico, caudal industrial, caudal comercial e institucional. Para el presente caso de estudio para la PTAR del Conjunto Residencial Macadamia, al ser un sector residencial solo se tendrá en cuenta el aporte de caudal doméstico, para la obtención del Qmd, se tiene la siguiente ecuación.

$$Qmd = Q_D + Q_I + Q_C + Q_{IN} \qquad (2.4.2)$$

Donde:

$Q_D$ = Caudal doméstico
$Q_I$ = Caudal Industrial
$Q_C$ = Caudal Comercial
$Q_{IN}$ = Caudal institucional

### 2.4.3. Caudal máximo horario (QMH)

De acuerdo a los lineamientos del Reglamento Técnico para el sector de agua Potable y Saneamiento Básico (RAS) Titulo D 3.3.5., el cálculo del caudal máximo horario se calcula con el uso del factor de mayoración (F) y el caudal medio diario (Qmd), como se expresa en la siguiente ecuación:

$$QMH = F * Qmd \qquad (2.4.3)$$

*Donde:*
*QMH = Caudal Máximo Horario, (L/s).*
*F = Factor de mayoración (Adimensional).*
*Qmd = Caudal medio diario, (L/s).*

Para el cálculo del factor de mayoración, en Colombia se cuenta con dos metodologías, una propuesta por el Titulo B del RAS 2000 y otra por la Resolución 0330 de 2017.

### 2.4.3.1. Factor de mayoración de acuerdo al RAS:

Para la estimación del QMH se debe determinar el factor de mayoración haciendo uso de mediciones de campo, en las cuales se tengan patrones de consumo de la población. En el caso de no contar con la información, se debe calcular el factor de mayoración con las ecuaciones aproximadas. Teniendo en cuenta las limitaciones que estas presentan. El factor de mayoración deberá estar entre 1,4 y 3,8 (Resolucion 0330, 2017).

Ecuaciones para el cálculo del factor de mayoración (F), son:

- Ecuación de Flores, en función de la población a servir:

$$F = \frac{3.5}{P^{0.1}} \qquad (2.4.4)$$

Dónde:

$F$ = Factor de mayoración (adimensional).
$P$ = Población servida en miles de habitantes (hab/1000).

- Ecuación de Los Ángeles, en función del caudal medio diario:

$$F = \frac{3.53}{Qmd^{0.062}} \qquad (2.4.5)$$

- Ecuación de Gaines, en función del caudal medio diario:

$$F = \frac{3.114}{Qmd^{0.062}} \qquad (2.4.6)$$

Dónde:
$F$ = Factor de mayoración (adimensional).
$Qmd$ = Caudal medio diario de aguas residuales (L/s)

### 2.4.3.2.    Factor de mayoración de acuerdo a la resolución 330 de 2017.

De otra parte, de acuerdo a la resolución 030 de 2017, Para el diseño de las PTAR se deberán utilizar datos históricos de los factores máximos de su cuenca. PTAR similares en tamaño y condiciones, o en su defecto emplear los siguientes valores pico, que se muestran en la *tabla 3.*

*Tabla 3 Factores pico para caudales de tratamiento de aguas residuales.*

| Rango Caudales (L/s) | Factor máximo horario | Factor máximo diario | Factor máximo mensual |
|---|---|---|---|
| 0-10 | 4 | 3 | 1,7 |
| Los valores de los factores horario, diario y mensual para caudales entre 10 y 90 l/s se interpolarán linealmente. | | | |
| 90 | 2,9 | 2,1 | 1,5 |
| Los valores de los factores horario, diario y mensual para caudales entre 90 y 700 l/s se interpolarán linealmente. | | | |
| Mayor a 700 | 2 | 1,5 | 1,2 |

Fuente: Resolución 0330 de 2017, articulo 166.

## 2.5. Tratamiento de agua residual

El objetivo imperativo del tratamiento del agua residual es proteger la salud humana y promover el bienestar de la sociedad. Por consiguiente, la depuración de las aguas residuales, consiste en un proceso esquemático de procesos físicos, químicos y biológicos, que tienen como objetivo eliminar los agentes contaminantes del agua (Romero Rojas, TRATAMIENTO DE AGUAS RESIDUALES. Teoria y principios de diseño, 2000). Estos procesos varían dependiendo de las caracterices del efluente de las actividades humanas. Teniendo en cuenta la agrupación de los diferentes procesos existentes para el tratamiento del agua residual, es inherente hablar de pretratamiento, tratamiento primario, tratamiento secundario y tratamiento terciario o avanzado de aguas residuales (METCALF & EDDY, 1995).

El pretratamiento tiene como finalidad eliminar del agua residual aquellos residuos que pueden causar dificultades de operación y mantenimiento en los procesos posteriores, o que no pueden ser tratados simultáneamente con los demás procesos unitarios como solidos sedimentables y flotantes, dentro de éstos procesos encontramos  cribado y/o desbaste, trampa de grasas, desarenador entre otros (Romero Rojas, TRATAMIENTO DE AGUAS RESIDUALES. Teoria y principios de diseño, 2000).

El tratamiento primario se centra en procesos físicos, donde se remueven parcialmente los sólidos suspendidos (SS), materia orgánica (MO) y algunos organismos patógenos, y se estabiliza el efluente para los tratamientos posteriores; dentro de estos procesos se encuentra los sedimentadores primarios, tanque de homogenización entre otros. En el tratamiento secundario se emplean procesos biológicos y químicos, para la remoción de los sólidos suspendidos y DBO soluble principalmente. Dentro de los procesos de tratamiento secundario encontramos los lodos activados, filtros percoladores, sistemas de lagunas y sedimentación, entre otros (Romero Rojas, TRATAMIENTO DE AGUAS RESIDUALES. Teoria y principios de diseño, 2000).

El tratamiento terciario y avanzado, son orientados a la remoción de nutrientes para prevenir la eutrofización de las fuentes receptoras, o el mejoramiento del afluente secundario para reusó del agua, en determinadas actividades (Romero Rojas, TRATAMIENTO DE AGUAS RESIDUALES. Teoria y principios de diseño, 2000).

### 2.5.1. Pre -Tratamiento

**Cribado**

El cribado debe colocarse aguas arriba del desarenador, estaciones de bombeo o de cualquier dispositivo de tratamiento susceptible de obstruirse por el material grueso que trae el agua residual sin tratar, las rejillas se pueden dividir en (REGLAMENTO TECNICO DEL SECTOR DE AGUA POTABLE Y SANEAMINETO BASICO. Titulo E Tratamiento de Aguas Residuales, 2000):

- Limpieza manual
- Limpieza mecánica
- En forma de canasta
- Retenedoras de fibra

*Tabla 4 Coeficiente de perdida para rejillas.*

**Coeficiente de pérdida para rejillas**

| Sección transversal Forma | A | B | C | D | E | F | G |
|---|---|---|---|---|---|---|---|
| β | 2.42 | 1.83 | 1.67 | 1.035 | 0.92 | 0.76 | 1.79 |

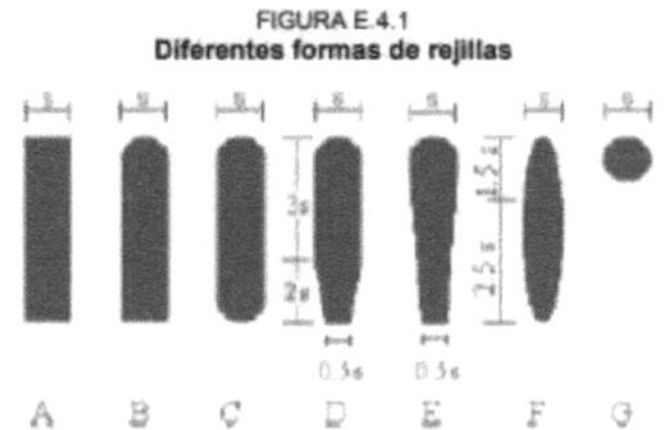


Fuente: Ras 2000 Titulo E, Tabla E.4.6

**Ecuacións necesarias para el cálculo de rejilla de limpieza manual**

De acuerdo a la Resolución 0330 de 2017 de la velocidad máxima de aproximación debe ser de *1.2 m/s* para caudal máximo y de *0.3 m/s* para caudal mínimo.

*Ecuación de continuidad*

$$Q = A * V \qquad\qquad (2.5.1)$$

*Dónde:*
*A: Área*
*V: Velocidad*

*Velocidad Horizontal (m/s)*

$$V_h = \frac{Q}{b * h} \qquad\qquad (2.5.2)$$

*Dónde:*
*$V_h$= Velocidad horizontal*
*b =Ancho*
*h = Alto*

*Área útil (m²)*

$$A_u = \left(b * \left(\frac{s}{s + e}\right) * (1 - 0.3)\right) \qquad\qquad (2.5.3)$$

*Dónde:*
*$A_u$ = Área útil*
*s = Separación entre barras*
*e =Ancho de barra*

*Velocidad de Paso (m/s)*

$$V_p = \frac{Q}{A_u} \qquad\qquad (2.5.4)$$

*Dónde:*
*$V_p$ = Velocidad de paso*
*Q = Caudal*

*Profundidad en la zona de rejillas (m)*

$$h = Q * \frac{e + s}{(1 - 0.3) * V_p * s * A_u} \qquad\qquad (2.5.5)$$

*Numero de barras*

$$N = \frac{(b - s)}{(e + s)} \qquad\qquad (2.5.6)$$

*Perdida de carga en una rejilla rectangular*

$$h = \beta \left(\frac{s}{e}\right)^{\frac{4}{3}} * \frac{V^2}{2g} * \sin\theta$$

(2.5.7)

*Dónde:*
*β = Factor de forma*
*Ɵ = Ángulo de inclinación*

*Área del circulo (m²)*

$$A_c = \pi * \frac{d^2}{4}$$

(2.5.8)

*Perdida de carga en tamiz de lámina perforada*

$$h = 1{,}43 \frac{V_p{}^2 - V_a{}^2}{2g}$$

(2.5.9)

**Desarenador**

Tiene la finalidad de separar las partículas de arena, grava, partículas y/o similares que tengan, velocidad de sedimentación o peso específico bastante mayor que el de lo solidos orgánicos degradables de las aguas residuales (Romero Rojas, TRATAMIENTO DE AGUAS RESIDUALES. Teoria y principios de diseño, 2000).

**Teoría de la sedimentación**

El modelo de sedimentación por Hazen y Stokes, se resume en la ecuación *(2.6.10)*, donde se concluye que la velocidad de sedimentación de una partícula es directamente proporcional al cuadrado del diámetro de la misma en relación a sus propiedades físicas (Lopez Cualla, 2003).

$$V_s = \frac{g(\rho_s - \rho)}{18\mu} * d^2$$

(2.5.10)

*Donde:*
*V₂= velocidad de sedimentación de la partícula (cm/s)*
*g = aceleración de la gravedad (981 cm/s²)*
*ρₛ = peso específico de la partícula = 2,65*
*ρ = peso específico del fluido agua = 1,00*
*µ = viscosidad cinemática del fluido (cm²/s)*

*Área superficial*

$$A_s = b * l \tag{2.5.11}$$

*Dónde:*
*$A_s$= Área superficial*
*$l$ = Longitud*
*Volumen del sedimentador*

$$\forall = l * h * b \tag{2.5.12}$$

*Carga superficial*

$$C = \frac{Q}{A_s} \tag{2.5.13}$$

*Diámetro de partícula*

$$d_0 = \sqrt{\frac{C * 18 * \mu}{g(\rho_s - \rho)}} \tag{2.5.14}$$

### 2.5.2. Tratamiento primario

**Tanque de homogenización**

Operación unitaria usada para amortiguar descargar violentas, aplicables a descargas de agua residual, y así mantener el caudal y la carga orgánica en niveles óptimos de operatividad (REGLAMENTO TECNICO DEL SECTOR DE AGUA POTABLE Y SANEAMINETO BASICO. Titulo E Tratamiento de Aguas Residuales, 2000).

### 2.5.3. Tratamiento biológico (secundario)

El objetivo del tratamiento biológico de agua residual es el de depurar el agua por medio microorganismos bajo condiciones ambientales controladas (pH, presencia o ausencia de oxígeno, temperatura y mezcla), los cuales tiene la capacidad de asimilar las sustancias suspendidas o disueltas en el agua residual, a fin de incorporarlas como base de su metabolismo para producir energía para su funcionamiento vital y promover el desarrollo somático. Bajo condiciones ambientales optimas se puede desarrollar biomasa capaz de degradar el agua residual hasta obtener el nivel de tratamiento deseado (Knobelsdorf

Miranda, 2005). En el proceso participan diferentes reacciones microbiológicas para eliminar o transformar la materia orgánica, nutrientes, metales y otros compuestos químicos como el sulfuro. Dichas reacciones se dan bajo condiciones aerobias (presencia de oxígeno disuelto), anóxicas (ausencia de OD, presencia de nitratos) o anaerobias (ausencia de OD y nitratos), dependiendo de la vía de degradación empleada (Droste, 1997).

Aunque existe una gran variedad de procesos de tratamiento biológico para agua residual, los procesos de lodos activas han demostrado tener una alta eficiencia tratando efluentes municipales e industriales (METCALF & EDDY, 1995).

**Proceso IFAS (Lodos Activados de película fija integrada)**

Los lodos activados de película fija integrada (Integrated Fixed Film Activated Sludge, IFAS, por sus siglas en inglés) incluyen todo tipo de lodos activados con un medio fijo en un reactor de crecimiento suspendido que incrementa la cantidad de biomasa disponible para el tratamiento. El tipo de medio varía en los diferentes sistemas de lodos activados en película fija integrada, éstos usualmente son fabricados de soga, esponja o de un material plástico (HAZEN AND SAWYER & NIPPON KOEI, 2011).

Figura 1Procesos de  Lodos Activados de película fija integrada (IFAS)

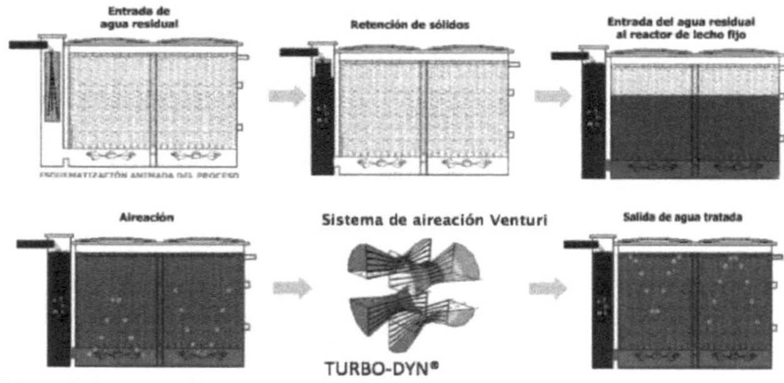


Fuente: Manual de operación y mantenimiento planta de tratamiento de aguas residuales domésticas, TECO LTDA 2010.

Estos sistemas de tratamiento tienen la ventaja al compararlos con los lodos activados convencionales, ya que permiten una expansión significativa del tratamiento sin la necesidad de proveer tanques de aireación adicionales, lo cual resulta muy efectivo para la remoción de nutrientes biológicos. El reactor IFAS, también posee una alta resistencia a choques de carga y aumenta significativamente la capacidad de los clarificadores existentes. La alta concentración total de biomasa de los procesos de los lodos activados en película fija integrada permite cargas volumétricas orgánicas mayores al reactor, lo cual es similar a los procesos convencionales de aireación de lodos activados y produce un efluente tratado de calidad igual o mejor a la de los lodos activados convencionales (HAZEN AND SAWYER & NIPPON KOEI, 2011).

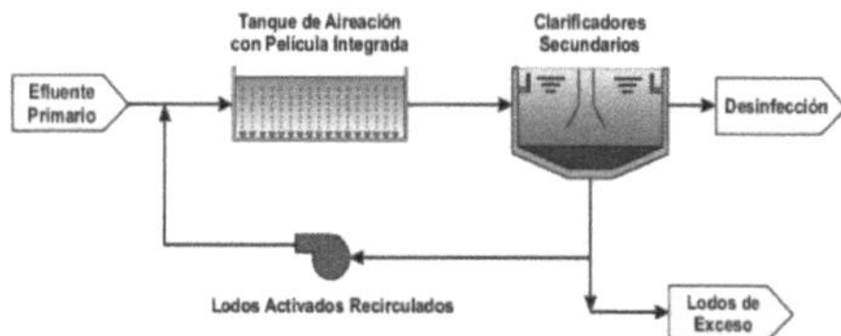


Figura 2 Esquema tratamiento por Reactor IFAS
*Fuente: Producto No. 3 Información Compilada de los Sistemas de Tratamiento de Aguas Residuales Disponibles y Aplicables al Proyecto*

Para el diseño de lodos activados se deben tener en cuenta las siguientes Ecuaciones:

Fracción biodegradable de los sólidos suspendidos del efluente:

$$FSS = SS\ efluente * fracción\ biodegradable\ SS \qquad (2.5.15)$$

*Donde:*
$SS = Solidos\ suspendidos$

$DBO_u$ *última de los sólidos suspendidos biodegradables del efluente*

$$SS\ biodegradables * Relación\ DBOu\ /\ células \qquad (2.5.16)$$

$DBO5$ *de los SS efluente*

$$DBOu * Relación\ DBO_5\ /\ DBOu \qquad (2.5.17)$$

$DBO5$ *soluble del efluente que escapa al tratamiento*

$$S = DBO_5\ efluente - DBO_5 SS\ efluente \qquad (2.5.18)$$

*Eficiencia basada en DBO5 soluble*

$$Es\ (\%) = \left(\frac{S_o - S}{S_o}\right) * 100$$

(2.5.19)

*Donde:*
*S = carga a la salida*
*$S_0$ = Carga a la entrada*

*Eficiencia conjunta de la planta*

$$Eglobal = \left(\frac{S_o - DBO_5\ efluente}{S_o}\right) * 100$$

(2.5.201)

*Y observada*

$$Yobs = \frac{Y}{(1 + Kd * \Theta c)}$$

(2.5.21)

*Donde:*
*$\Theta c$ = Tiempo de retención celular*
*$Kd$ = Coeficiente cinético 0,05 $d^{-1}$*
*$Y$ = Coeficiente 0,65 Kg SSV/Kg $DBO_5$*

*Lodo SSV purgado (Px)*

$$Px_{SSV} = Yobs * Q(S_o - S)$$

(2.5.22)

*Lodo SS purgado (Px)*

$$Px_{SS} = \frac{Px}{(SSVLM/SSLM)}$$

(2.5.23)

*Donde:*
*SSVLM/SSLM: Relación del 0,8*

*Cantidad de lodo a purgar*

$$Px\ SS - SS\ efluente\ (Q * SS\ efluente)$$

(2.5.24)

*Caudal de purga (Qw)*

$$Qw = \frac{V * X - (Qe * Xe * \Theta c)}{(X * \Theta c)}$$

(2.5.25)

*Donde:*
*Xe: concentración solidos suspendidos volátiles en el efluente*
*X: solidos suspendidas volátiles en el licor mezcla*

*Caudal de recirculación (Qr)*

$$Qr = \frac{XQ}{(Xr - X)}$$

(2.5.26)

*Donde:*
*Xr = Concentración de SS en el lodo por la relación SSVLM/SSLM*

*Relación de recirculación*

$$R = \frac{Qr}{Q}$$

(2.5.27)

*Tiempo de retención hidráulica*

$$T = \frac{V}{Q}$$

(2.5.28)

*Lodo seco*

$$Lc = \frac{Px}{\%SSV/SSLM}$$

(2.5.29)

*Lodo de purga*

$$Qw = \frac{Px}{Xr}$$

(2.5.30)

*Demanda de oxigeno*

$$O_2D = 1,5(Q) * (So - S) - 1,42(Xr)(Qw)$$

(2.5.31)

*Factor de corrección*

$$Fc = \frac{P_1 - P_v}{(P_0 - P_v)}$$

(2.5.32)

*Donde:*
*$P_1$ = Presión en el sitio*
*$P_0$= Presión estándar*
*$P_v$= Presión de vapor a 13°C*

*Saturación de oxigeno*

$$SatO_2 = 14,625 - 0,41022 * (T) + 0,007991 * (T^2) - 0,000077774 * (T^3)$$

(2.5.33)

*Donde:*
*T = Temperatura del sitio*

*Demanda de Oxigeno en el sitio*

$$O_2DS = O_2D * \frac{Cs}{(\beta * Fc * SatO2 - C1) * \alpha * (1,024)^\wedge(T - 20)}$$

(2.5.33)

*Donde:*
*β =Factor corrección por tensión superficial*
*α = Factor corrección por transferencia de $O_2$*
*$C_1$= Concentración de $O_2$ en el reactor*

*Aire requerido*

$$Ar = \frac{O_2DS}{RA * 0,21} \tag{2.5.34}$$

*Donde:*
*AR = Razón absorción de aire*
*Potencia de la Bomba*

$$P = \frac{Ar * \Delta P * KPA}{(E * 14,7)} \tag{2.5.35}$$

*Donde:*
*KPA = Diferencia de presión ambiente columna de agua 9*
*E = Eficiencia de la bomba*
*$\Delta P$ = Diferencia de presión 101,33*

*Relación alimento microorganismos*

$$\frac{F}{M} = \frac{QSo}{VX} \tag{2.5.36}$$

### 2.5.4. Tratamiento Terciario

Este sistema tiene como objetivo, eliminar sólidos suspendidos y disueltos, turbiedad, color y patógenos del agua tratada en el sistema biológico, el cual está diseñado exclusivamente para eliminar materia orgánica. El sistema es del tipo fisicoquímico, utiliza sulfato de aluminio líquido como coagulante, adsorbente de carbón activado e hipoclorito de sodio como desinfectante (MANUAL DE OPERACIÓN Y MANTENIMIENTO PLANTA DE TRATAMIENTO DE AGUAS RESIDUALES DOMESTICAS, 2010).

**Coagulación - Floculación**

La coagulación es el proceso por el cual se desestabilizan las partículas en suspensión, es decir facilitar su aglomeración por medio de la adición de un agente químico (coagulante) el cual debe ser homogenizado en el agua. La floculación tiene por objetivo favorecer con la ayuda de la mezcla lenta el contacto entre las partículas desestabilizadas. Estas partículas se aglomeran para formar un floc que pueda ser fácilmente eliminado por los procedimientos de sedimentación o filtración (Andía Cárdenas, 2000). El gradiente dentro de las unidades de floculación no debe ser demasiado fuerte para evitar que se rompa el floc, o muy suave para evitar la colisión entre partículas y no se forme el floc. El gradiente lo podemos definir como la intensidad de agitación con la masa de agua es mezclada en una unidad de floculación (ROJAS ARBELAEZ & TORRADO LEMUS, 2007).

**Sedimentador de alta tasa**

Son sedimentadores de poca profundidad, en módulos de tubos circulares, cuadrados, hexagonales, octagonales, de placas planas paralelas, de placas onduladas o de otras formas, en tanques pocas profundas, con periodos de detención no mayores a 15 minutos (Romero Rojas, 1999). Los sedimentadores de alta son comúnmente usados en el tratamiento de agua residual como tratamiento terciario, aprovechando el hecho del que proceso de sedimentación es más afectado por el área de sedimentación que por el tiempo de retención (Herrera, Ortiz, & Rincon, 2014). Para el diseño se deben conocer los siguientes parámetros, de acuerdo a la metodología planteada por Jairo Romero Rojas, en su libro POTABILIZACIÓN DEL AGUA 3ra, edición.

*Longitud relativa*

$$L = \frac{l}{e}$$

(2.5.37)

*Donde:*
*l: longitud del módulo de sedimentación*
*e: Separación entre tubos que conforman el modulo.*

*Velocidad promedio en laminas*

$$Vo = \frac{Q}{(A * sen\theta)}$$

(2.5.38)

*Donde:*
*Q= Caudal (m³/s)*
*A = Área (m²)*

*Longitud ocupada por las laminas*

$$L' = 0,013 * \frac{Vo * e}{v}$$

(2.5.39)

*Donde:*
*$v$= Viscosidad (m/s$^2$)*

*Longitud relativa del sedimentador*
$$Lc = L - Lc \tag{2.5.40}$$

*Carga superficial Instalada:*
$$Vsc = \frac{Sc * Vo}{sen\theta + Lc * cos\theta} \tag{2.5.41}$$

*Donde:*
*Sc = Factor de forma del módulo (circular, hexagonal, cuadrado, octagonal)*

*Carga Superficial área cubierta por los tubos hexagonales*
$$CS = \frac{Q}{Am} \tag{2.5.42}$$

*Donde:*
*Am= Área superficial modulo (m$^2$)*

*Número de Reynolds*
$$R = \frac{Vo * e}{v} \tag{2.5.43}$$

*Tiempo de retención tubos hexagonales*
$$t = l/Vo \tag{2.5.44}$$

*Tiempo retención sedimentador*
$$t = \frac{\forall}{Q} \tag{2.5.45}$$

*Donde:*
*$\forall$= Volumen (m$^3$)*

*Velocidad promedio en el tanque*
$$V = \frac{Q}{As} \tag{2.5.46}$$

*Donde:*
*As= Área superficial (m$^2$)*

**Filtración**

Aplicación intermitente de agua residual, previamente sedimentada, a un lecho de material granular de lecho mixto o unificado, que es drenado para recoger y descargar al efluente final (TRATAMIENTO DE AGUAS RESIDUALES TITOLO E, 2000).

### 2.6. Perfil Hidráulico

Se denomina perfil hidráulico de una planta de tratamiento de aguas residuales al nivel del líquido o nivel piezómetro del recorrido del flujo que pasa por cada uno de los procesos unitarios de la PTAR. El perfil hidráulico requiere de una diferencia de niveles entre la entrada a la instalación de salida, con el fin de superar las variabilidades de las pérdidas de carga, y se indique claramente las cotas de la lámina de agua en cada uno de los procesos.

### 2.6.1. Cálculo del perfil hidráulico

Para la determinación del perfil hidráulico se requiere utilizar ecuaciones o expresiones de la hidráulica que permitan determinar las pérdidas de carga en los conductos abiertos y cerrados y en las singularidades que encuentra el flujo a través de las distintas instalaciones.

Dentro de las pérdidas de carga continuas y discontinuas en conductos, tenemos las producidas por fricción que se calculas con ecuaciones empíricas como lc son: (Williams-Hazen, Chezy, Manning, etc.) (LOZANO-RIVAS, 2012).

El proceso del perfil hidráulico está directamente relacionado con la topografía del terreno, donde se construirá la planta. En el caso de áreas planas, el cálculo de las pérdidas de carga adquiere mayor relevancia pues las mismas implican mayores costos de bombeo y eventualmente la necesidad de excavaciones o terraplenes (LOZANO-RIVAS, 2012).

**Pérdidas de Carga (ΔH):** se entiende como la altura que se pierde por la fricción que existente al paso del líquido en las tuberías, válvulas, filtros, vertederos y otros accesorios.

**Pérdida de carga en tuberías:**

La expresión de Darcy-Weisbach para el cálculo de pérdidas, expresadas en función de caudal (LOZANO-RIVAS, 2012):

$$h_f = f * \frac{L}{D} * \frac{V^2}{2g} \qquad (2.6.1)$$

*Donde:*
*hf = pérdida de carga (m.c.a./m).*
*f = coeficiente de fricción (adimensional).*
*L = longitud de la tubería.*

*D = diámetro de la tubería (m).*
*Q = caudal (m³/s).*
*V = Velocidad (m/s)*

El coeficiente de fricción se puede calcular por la Ecuación de Coolebrook así:

$$f = \frac{0.25}{\left[-\ln\left(\frac{\varepsilon}{3.7D}+\frac{5.74}{Re^{0.9}}\right)\right]^2}$$

(2.6.2)

*Donde:*
*ε= rugosidad absoluta.*
*Re= número de Reynolds.*
*D = Diámetro tubería*

El número de Reynolds se obtiene de la siguiente ecuación:

$$Re = \frac{V*D*\rho}{\mu}$$

(2.6.3)

*Donde:*
*V= velocidad del fluido.*
*μ = viscosidad cinemática (m2/s)*
*ρ = Densidad del fluido (Kg/m3)*

La rugosidad absoluta se puede obtener de la *tabla 5*.

*Tabla 5 Rugosidad absoluta de los materiales.*

| Material | Rugosidad Absoluta (mm) |
|---|---|
| Polietileno | 0,002 |
| PVC | 0,0015 |
| Aluminio | 0,015 -0 ,06 |
| Acero galvanizado | 0,07 - 0,15 |
| Hormigón liso | 0,3 - 0,8 |
| Hormigón rugoso | 3,0 - 9,0 |
| Hormigón armado | 2,5 |
| Fibrocemento nuevo | 0,05 - 0,1 |
| Fibrocemento con años de servicio | 0,6 |

Fuente: Curso fundamentos de diseño de plantas depuradoras de aguas
Residuales, LOZANO-RIVAS 2012.

**Perdida de carga en singularidades:**

La pérdida de carga en singularidades (accesorios, dispositivos de control) puede determinarse con la Ecuación que se representa a continuación:

$$h = K * \frac{V^2}{2g}$$

(2.6.4)

*Donde:*
*H = pérdida de carga en la singularidad (m)*
*K = constante que depende de la singularidad*
*V = velocidad del fluido (m/s)*
*g =aceleración de la gravedad (9,81 m/s²)*

**Pérdida de Carga en orificios:**

Entiéndase por orificio a la abertura sumergida en la pared de un contenedor, tanque o estructura similar. La pérdida en esa singularidad la podemos calcular como se muestra a continuación (LOZANO-RIVAS, 2012):

$$Q = K * A * \sqrt{2 * g * h}$$

(2.6.5)

$$h = \left(\frac{Q}{KA2^{0.5}g^{0.5}}\right)^2$$

(2.6.6)

*Donde:*
*Q = caudal que pasa por el orificio (m³/s)*
*K = constante (toma un valor medio de 0,62)*
*A = área del orificio (m²)*
*g = aceleración de la gravedad (9,81 m/s²)*
*h = pérdida de carga en el orificio (m.c.a)*

### 2.7. Análisis y discusión de resultados

En la construcción del marco teórico s obvió el cálculo de la proyección de la población futura, dado que dentro del conjunto residencial se cuenta con una población fija de 1000 habitantes.

# 3. DESARROLLO DE LA PASANTÍA

## 3.1.  Actividades generales realizadas durante la pasantía

Durante la pasantía comprendida entre el mes de febrero a septiembre del año en curso, se realizaron las siguientes actividades:

1. Inducción, adaptación al puesto de trabajo y aprendizaje de fundamentos relacionados con las actividades a cargo del ACUEDUCTO RURAL DE TRES QUEBRADAS.
2. Reconocimiento de las plantas a cargo del ACUEDUCTO RURAL DE TRES QUEBRADAS.
3. Reconocimiento del conjunto Macadamia y de la PTAR que trata el agua residual producida por la población que habita el conjunto residencial.
4. Levantamiento de información sobre la PTAR Macadamia:

    a. En cuanto a población actual e identificar los proyectos de obras de construcción futuras que se llevarán a cabo dentro de la urbanización campestre Macadamia, en lo concerniente a unidades habitacionales.
    b. Información en cuanto a las características del agua residual, caudales de llegada y salida de la planta.
    c. Dimensiones, planos y características de la planta de tratamiento de agua residual de la urbanización campestre Macadamia.

5. Visita a la planta de tratamiento de agua residual la urbanización campestre Macadamia, para toma medidas y ejecutar evaluación de la planta.

    a. Toma de medidas de las unidades de tratamiento de agua residual.
    b. Revisión de los estructuras y equipos involucrados en el proceso de tratamiento de agua residual.

6. Revisión bibliográfica, referente a los criterios diseño de plantas de tratamiento de agua residual.
7. Revisión de la normativa nacional vigente sobre los criterios de diseño que deben cumplir las plantas de tratamiento de agua residual.
8. Calculo del caudal de diseño, o caudal a tratar por la PTAR.

9. Verificación teórica del tren de tratamiento primario, con base a la revisión bibliográfica previa, y revisión de cumplimiento en cuanto a los parámetros establecidos por el RAS 2000, Titulo E

10. Verificación teórica del tratamiento biológico instalado de lodos activados, con base a la revisión bibliográfica previa, y revisión de cumplimiento en cuanto a los parámetros establecidos por el RAS 2000, Titulo E.

11. Verificación del gradiente de floculación instalado en el tratamiento terciario.

12. Verificación del tiempo de retención, carga superficial y número de Reynolds en el calificador, de acuerdo a los rangos estipulados por el RAS 2000, Titulo C.

13. Determinación del área de filtración para el caudal tratado.

14. Muestreo compuesto, con aforo volumétrico, para análisis de del AR a la entrada, salida de tratamiento biológico y salida de la PTAR. Para este muestreo se diseña la cadena de custodia para el ACUEDUCTO RURAL DE TRES QUEBRADAS (Ver anexo 1).

## 3.2.   Relevancia de la pasantía

Permite ampliar y aplicar los conocimientos adquiridos en la academia de forma práctica, permitiendo evaluar aspectos de diseño y condiciones hidráulicas involucradas en el proceso de tratamiento del agua residual. Lo que lleva consigo el crecimiento profesional, académico y personal, ampliando el espectro de la Ingeniería Sanitaria y su importancia en el cuidado de la salud de la población y la preservación del ambiente, por medio del diseño técnico de unidades de tratamiento para aguas servidas.

Consiente las diferentes problemáticas que se presentan en campo al momento de evaluar y/o diseñar unidades de tratamiento, identificando las debilidades y fortalezas en el desarrollo de cada actividad, dando una visión de amplia de cómo es el mundo laboral y cuáles son las diferentes problemáticas que se deben enfrentar y solucionar desde la Ingeniería Sanitaria.

# 4. RECOPILACIÓN Y ANÁLISIS DE LA INFORMACIÓN

El conjunto Residencial Macadamia se encuentra ubicado en el Municipio de la Calera Cundinamarca, a una altura de 2740 m.s.n.m., con una temperatura promedio de 17°C. Ubicaba en el kilómetro 4.6 vía La Calera – Sopo, cuenta con 250 unidades habitacionales con un promedio de vivienda de 4 personas por unidad, para un total de 1000 habitantes.

El conjunto Residencial, colinda con la cuenca media del rio Teusaca, donde es vertida el agua residual tratada de la PTAR. El monitoreo y control del eje ambiental en el sector es ejercido por la Corporación Autónoma Regional de Cundinamarca-CAR. En la figura 2, se observa la localización del conjunto Residencial Macadamia.

**Figura 3** *Localización Conjunto Residencial Macadamia.*
Fuente: Acueducto Rural de Tres Quebradas.

## 4.1.  Datos de población

En los datos suministrados por el Acueducto Rural de Tres Quebradas, se tiene que población para el Conjunto Residencial Macadamia cuenta un total de 250 unidades habitaciones con un promedio de 4 habitantes por unidad, lo que corresponde a una población de 1000 habitantes.

## 4.2. Generalidades del sistema de tratamiento de agua residual

El Conjunto Residencial Macadamia cuenta con una planta de tratamiento de agua residual (PTAR), diseñada y construida por TECO LTDA en el año 2010, operara por la ESP Aguas de los Andes S.A., hasta el 2018, y a partir de este año el Acueducto Rural de Tres Quebradas recibe la administración control y operación de la PTAR. El Conjunto Residencial Macadamia cuenta con una red de alcantarillado separado de alcantarillado pluvial y sanitario, de modo que las aguas lluvias son vertidas directamente en el rio Teusaca, y las aguas residuales son conducidas a la PTAR para recibir un tratamiento previo a su vertimiento en la fuente receptora.

La PTAR se encuentra ubicada en el costado norte del conjunto residencial, a una altura de 2640 m.s.n.m., en la latitud  4°45'29.50"N y longitud 73°57'17.44"O como se observa en la figura A.

*Figura 4 Localización Planta de Tratamiento de Agua Residual Macadamia.*
Fuente: Acueducto Rural de Tres Quebradas.

La PTAR de Macadamia consta de un proceso biológico constituido por un pre-tratamiento con un canal de llegada y dos rejillas, un tratamiento primario con un tanque de homogenización cilíndrico, un tratamiento secundario con cuatro reactores IFAS (*Integrated-*

*Film Actives Sludge)* en dos etapas, un clarificado secundario y como tratamiento terciario tres unidades de filtración y desinfección con hipoclorito (Acueducto Rural de Tres Quebradas, 2018).

### 4.2.1. Unidades del Sistema de Tratamiento

Se describe la composición del tren de tratamiento del agua residual.

**Pre-Tratamiento:**

A continuación, se describen las dimensiones de las unidades instaladas, involucradas en el pre-tratamiento.

*Canal de llegada:*
- *Ancho (b): 0.70 m*
- *Longitud (l): 0.10 m*
- *Alto (h): 0.60 m*

*Reja de desbaste para gruesos, una (1) unidad:*
- *Ancho (b): 0.70 m*
- *Alto(h): 0.60 m*
- *Angulo de inclinación ($\Theta$): 60°*
- *Factor de forma ($\beta$):*
- *Espesor de barra (e): 0.005*
- *Separación entre barras (s): 0.02 m*

*Reja perforada de desbaste fino una (1) unidad:*
- *Ancho (b): 0.70 m*
- *Alto (h): 0.60 m*
- *Angulo de inclinación($\Theta$): 60°*
- *Diámetro orifico (e): 0.01 m*
- *Separación entre orificios (e): 0.005m*

*Sedimentador*
- *Longitud (l): 2.85 m*
- *Ancho (b): 0.70 m*
- *Alto (h): 0.60 m*

**Tratamiento Primario**

A continuación, se describen las dimensiones de las unidades instaladas, involucradas en el tratamiento primario (Acueducto Rural de Tres Quebradas, 2018).

***Tanque de Homogenización circular*:**

- *Diámetro (d): 1.8 m*
- *Longitud (l): 7.1 m*

**Tratamiento Secundario:**

A continuación, se describen las dimensiones de las unidades instaladas, involucradas en el tratamiento secundario (Acueducto Rural de Tres Quebradas, 2018).

Reactores ECOPAC IFAS (*Integrated-Film Actives Sludge):* cuatro (4) unidades.

***Reactor biológico 1*:**

- *Altura (h): 2 m*
- *Ancho (b): 4.2 m*
- *Longitud (l):5.3 m*
- *Difusor de aire de 9"*

***Reactor Biológico 2, 3 y 4:***

- *Altura (h): 2.0 m*
- *Ancho (b): 2.0 m*
- *Longitud (l): 4 m*
- *Difusor de aire de 9"*

**Tratamiento Terciario**

A continuación, se describen las dimensiones de las unidades instaladas, involucradas en el tratamiento terciario (Acueducto Rural de Tres Quebradas, 2018).

***Clarificador***

Está conformado por un panel lamelar que amplía el área útil del equipo, esta dimensionado para partículas clase *1,2 y 3* y está integrado con un sistema de evacuación de lodos en el fondo (Acueducto Rural de Tres Quebradas, 2018).

Dimensionamiento

Zona de entrada:
- *Altura (h): 1.6 m*
- *Ancho (b): 1.8 m*
- *Longitud (l) 2.0 m*

Zona de sedimentación:
- *Altura (h): 1.6 m*
- *Ancho (b): 1.50 m*
- *Longitud (l) 2.0 m*

Zona de salida:
- *Altura (h): 1.67 m*
- *Ancho (b): 0.5 m*
- *Longitud (l) 2.05 m*

**Filtración presurizada: tres (3) unidades.**
**Tanque de contacto de cloro: una (1) unidad.**

Los procesos descritos anteriormente se ilustran en la figura 3, como se muestra a continuación:

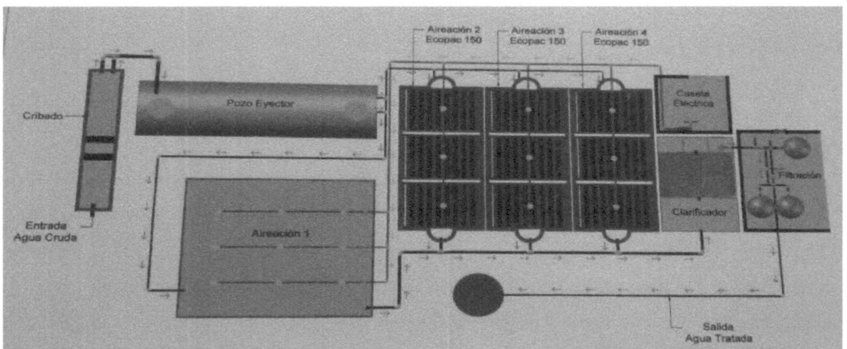


*Figura 5 Planta de Tratamiento de Agua Residual del Conjunto Residencial Macadamia.*
Fuente: Acueducto Rural de Tres Quebradas.

# 5. DESARROLLO METODOLÓGICO Y RESULTADOS

En el presente capitulo se describe la metodología de cálculo utilizada para hacer la evaluación hidráulica y operativa de la PTAR Macadamia.

## *5.1.  Calculo dotación:*

Para una dotación neta de *120 l/hab-dia y 1000 hab (Tabla 4 y numeral 4.1)*, se aplica la ecuación *2.3.1*.

*Dotación:*

$$Q = 1000\ hb * 120\ \frac{l}{hb * d} = 120000\ \frac{l}{d} * \left[\frac{d}{86400\ s}\right] = 1.38\ \frac{l}{s}$$

### *5.1.1.  Caudal domestico:*

Haciendo uso de la ecuación *2.4.1*, y para una población de 1000 habitantes (numeral 4.1.  página 34), se calcula el caudal doméstico, como se muestra a continuación:

$$Q_D = \frac{0.85 * 120\ \frac{l}{hb * d} * 1000\ hb}{86400} = 1.18\ \frac{l}{s}$$

### *5.1.2.  Caudal medio diario:*

Al ser conjunto residencial no se cuenta con aportes industriales, institucionales y comerciales, por lo tanto. El *Qmd* será igual a los aportes domésticos, para el cálculo del *Qmd* hacemos uso de la ecuación *(2.4.2)*.

$$Qmd = 1.18\ \frac{l}{s}$$

### *5.1.3.  Caudal máximo horario:*

Para el cálculo del caudal máximo horario se debe determinar el factor de mayoración (F) para lo cual existen dos metodologías (numeral 2.4.3)

Metodología del RAS:

Ecuación *2.4.4.*

$$F = \frac{3.5}{(1000/1000)^{0.1}} = 3.44$$

Ecuación *2.4.3.*

$$QMH = 3.44 * 1.18\frac{l}{s} = 4.1182\frac{l}{s}$$

Ecuación *(2.4.5).*

$$F = \frac{3.53}{1.18^{0.062}} = 3.086$$

Ecuación *2.4.3*

$$QMH = 3.086 * 1.18\frac{l}{s} = 3.636\frac{l}{s}$$

Ecuación *(2.4.6).*

$$F = \frac{3.114}{1.18^{0.062}} = 3.5$$

Ecuación *2.4.3.*

$$QMH = 3.5 * 1.18\frac{l}{s} = 4.13\frac{l}{s}$$

Metodología propuesta por la Resolución 0330 de 2017.

Hacemos uso de ecuación *(*Ecuación *2.3.4)* y de la información de la tabla 5.

$$QMH = 4 * 1.18\frac{l}{s} = 4.72\frac{l}{s}$$

Por factor se seguridad se toma el valor máximo de caudal máximo horario, el cual corresponde a un $QMH=4.72\frac{l}{s}$

### 5.1.4.  *Caudal de diseño final:*

Para el cálculo del caudal final de diseño se hace la sumatoria de los aportes del QMH y los aportes por infiltración que corresponden a *0.1 l/s*ha*, de acuerdo como lo dicta la Resolución 0330 de 2017, para un total de 10 ha que tiene el conjunto residencial se tiene que:

$$QD = 4.72\frac{l}{s} + 0.1\frac{l}{s*ha}(10\ ha) = 5.72\frac{l}{s}$$

## 5.2.  *Aforo PTAR Macadamia*

Con el fin de hacer una verificación de caudal tratado se hizo un aforo de 8 horas, con el fin de verificar los valores pico en determinadas horas y corroborar que el caudal para el cual fue diseñado la planta corresponde al vertido a la PTAR. En la *tabla 6* se representan los caudales obtenidos en un periodo de 8 horas desde las 8:00 a.m. hasta las 3:30 p.m., del cual se obtuvo como resultado un caudal promedio de *1.2 L/s,* y un caudal pico de 1,5 L/s. De este aforo se pudo concluir que hay un mayor uso de agua en los horarios de 9:30 a.m. a 12:30 p.m., lo cual puede estar ligado a presuntas actividades limpieza y lavado en los inmuebles, en la *figura 6* se muestra punto de muestreo, en la ilustración se puede evidenciar la presencia de espumas como resultado de la presencia de jabones y/o detergentes en el agua.

*Tabla 6 Aforo volumétrico entrada PTAR*

| Hora | Tiempo (s) | Volumen (L) | Q (L/s) |
|---|---|---|---|
| 8:00 a. m. | 5,2 | 5 | 0,962 |
| 8:30 a. m. | 4,56 | 4,5 | 0,987 |
| 9:00 a. m. | 5,47 | 5 | 0,914 |
| 9:30 a. m. | 5,39 | 7 | 1,299 |
| 10:00 a. m. | 5,4 | 7,5 | 1,389 |
| 10:30 a. m. | 5,2 | 7,9 | 1,519 |
| 11:00 a. m. | 5,25 | 8 | 1,524 |
| 11:30 a. m. | 5,3 | 8 | 1,509 |
| 12:00 p. m. | 5,47 | 7,5 | 1,371 |
| 12:30 p. m. | 5,5 | 7,3 | 1,327 |
| 1:00 p. m. | 6,01 | 5,5 | 0,915 |
| 1:30 p. m. | 5,45 | 5,7 | 1,046 |
| 2:00 p. m. | 5,53 | 5,5 | 0,995 |
| 2:30 p. m. | 5,47 | 6,3 | 1,152 |
| 3:00 p. m. | 5,28 | 6 | 1,136 |
| 3:30 p. m. | 5,09 | 5 | 0,982 |
| $\overline{X}$ | 5,3 | 6,36 | 1,2 |
| Caudales | Q max | | 1,524 |
| | Q min | | 0,914 |

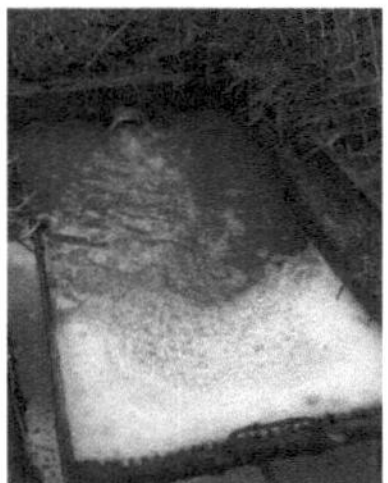

*Figura 6 Canal de entrada PTAR*

Como se observó en el anterior capitulo la planta de acuerdo a la población servida se obtuvo un caudal teórico de 5.*82 L/s* para un total de 1000 habitantes, y de acuerdo al aforo realizado la planta está operando con un caudal de *1.5 L/s* máximo aproximado. Esto se debe a que en la proyección del caudal de diseño se estimó que la población objetivo para la cual se diseñó la PTAR residiría a diario en el conjunto residencial, pero este conjunto maneja un flujo intermitente de residentes, adicionalmente, algunas viviendas están desocupadas. En conclusión, dentro del conjunto no se residen la población neta para la cual se diseñó la PTAR sino una población mucho menor, por lo cual se estima que la planta opera a un máximo aproximado del 40% de su capacidad. Por este motivo es que esta PTAR cuenta con un tanque de estabilización posterior al desarenador.

## 5.3. Calculo de rejilla

Para el cálculo de los parámetros de la rejilla se tomaron como datos de entrada, los que se presentan en la *tabla 7* y se usaron las ecuaciones *2.5.1* a la *2.5.9* cómo se ilustra a continuación:

Tabla 7 *Valores de diseño, reja de limpieza manual.*

| Parámetro | Unidad | Valor | Ecuación |
|---|---|---|---|
| Caudal | $L/s$ | 5,82 | - |
| | $m^3/s$ | 0,00582 | - |
| Velocidad aproximación (Va) | $m/s$ | 0,3 | - |
| Ancho Útil (b) | $m$ | 0,7 | - |
| Angulo (Θ) | ° | 60 | - |
| Separación barras (s) | $cm$ | 2 | - |
| | $m$ | 0,02 | - |
| Ancho barras (e) | $cm$ | 0,5 | - |
| | $m$ | 0,005 | - |
| Factor de forma (β) | UN | 2,42 | - |
| Área útil rejilla (A) | $m^2$ | 0,282 | $Au = h*(b-(n*e))$ |
| Velocidad de Paso (Vp) | $m/s$ | 0,0206 | $Vp=Q/Au$ |
| Perdida de Carga (h1) | $m$ | 0,00151 | $h1= \beta*((s/e)^{(4/3)})*((V^2)/2g))*sen\Theta$ |
| Numero de barras (n) | UN | 27 | $N= (b-s)/(e+s)$ |

Fuente: Autor.

De la verificación ilustrada en la *tabla 7*, se obtiene un número de barrotes de 27, dicho valor tiene coincidencia con la rejilla instalada en campo la cual cuenta con 30 barrotes, en la *figura 7* se ilustra el sistema de cribado instalado en la PTAR Macadamia.

Figura 7 *Cribado rejilla gruesa PTAR Macadamia.*

### 5.3.1. *Calculo de tamiz perforado de lámina fija*

A continuación, se describe la metodología de cálculo para dimensionar el cribado de finos, en la *tabla 8*, se tienen los valores referencia para el diseño y las ecuaciones necesarias para su diseño.

| Datos de entrada | Unidad | Valor | Ecuación |
|---|---|---|---|
| Qmd | $m^3/s$ | 0,00582 | - |
| Ancho útil canal de entrada (b) | m | 0,7 | - |
| Alto canal de entrada (h) | m | 0,5 | - |
| Separación entre orificios (s) | m | 0,02 | - |
| Diámetro orificios (e) | m | 0,01 | - |
| Velocidad mínima de aproximación (Va) | m/s | 0,0166 | $V=Q/A$ |
| Angulo de inclinación (Θ) | ° | 60 | - |
| Número de orificios (n) | un | 820 | - |
| Área orificio (Ac) | $m^2$ | 0,0000785 | $Ac=Pi*(d^2)/4$ |
| Área Útil (Au) | $m^2$ | 0,0644026 | $Au=Ac*N°orificios$ |
| Velocidad de paso (Vp) | m/s | 0,0903690 | $Vp=Q/Au$ |
| Perdida de carga (h2) | m | 0,0005751 | $h_2=1,43((Vp^2-Va^2)/2*g)$ |

Fuente: Autor.

Para determinar el área útil del tamiz fijo, se contó el número de orificios del tamiz y si tomo el diámetro de orificio, para así obtener el área útil de pasaje como resultado de la multiplicación del área de cada orificio por el número de orificios de la lámina perforada.

En la *figura 8* se ilustra el tamiz fijo de lámina perforada, usado como cribado fino en la PTAR.

*Figura 8 Cribado tamiz de lámina perforada, PTAR Macadamia.*

## 5.4. Dimensionamiento desarenador

Para el cálculo de los parámetros del desarenador se tomaron como datos diseño los que se presentan en la *tabla 9* y se usaron las ecuaciones número *2.5.10* a la *2.5.14,* como se presenta en la tabla.

| Datos de diseño | Unidad | Valor | Ecuación |
|---|---|---|---|
| QMH | $m^3/s$ | 0,00582 | - |
| Ancho canal (b) | m | 0,7 | - |
| Altura lámina de agua (h) | m | 0,5 | - |
| Diámetro partícula (d) | m | 0,014 | - |
| Longitud (l) | m | 2,86 | - |
| Viscosidad cinemática del agua a 13° | $cm^2/s$ | 0,01236 | - |
| Peso específico del agua | $g/cm^3$ | 1 | - |
| Peso específico de la arena | $g/cm^3$ | 2,65 | - |
| Velocidad de sedimentación (Vs) | m/s | 0,0143 | $V_s = \dfrac{g(\jmath_s - \rho)}{18\mu} * d^2$ |
| Velocidad horizontal (Vh) | m/s | 0,0166 | $Vh=Q/b*a$ |
| Área superficial (As) | $m^2$ | 2,002 | $A_s = b * l$ |
| Volumen útil sedimentado | $m^3$ | 1,001 | $\forall = l * a * b$ |
| Carga hidráulica | $\dfrac{m^3}{m^2 * d}$ | 251,1728 | $C = \dfrac{Q}{A_s}$ |

Fuente: Autor.

En la *figura 9* se muestra el desarenador instalado en la PTAR Macadamia.

*Figura 9 Desarenador PTAR Macadamia.*

### 5.4.1. *Velocidad de sedimentación, Ecuación de Hazen*

Para determinar la velocidad de sedimentación, hacemos uso de la ecuación *(2.6.10)*.

### *Comprobación diámetro de partícula*

Para comprobar el diámetro de partícula a remover, hacemos uso de la ecuación *(2.6.14)*.

$$d_0 = \sqrt{\frac{0.337 * 18 * 0,01236}{981 * (1.65)}} = 0.0068cm * \left[\frac{10mm}{cm}\right] = 0.06\ mm$$

El desarenador, tiene la capacidad de remover partículas que parten de 0.06 mm a 0,14 mm de diámetro presentes en el agua residual.

### 5.4.2. *Tiempo de retención hidráulico de desarenador*

Para calcular el tiempo de retención hidráulico se tienen en cuenta dos variables, el volumen instalado y el caudal tratado, a continuación, se representa el paso a paso para obtener el tiempo de retención hidráulico del desarenador usando la Ecuación de continuidad.

$$Q = \frac{V}{t} = t = \frac{V}{Q}$$

$$t = \frac{1.001m^3}{0.00582\ m^3/s} = 172\ s * \left[\frac{min}{60\ s}\right] = 2.86\ min$$

De acuerdo al reglamento técnico colombiano de saneamiento básico, RAS 2000 Titulo E, numeral E.4.4.4.6, el cual nos recomienda que el tiempo de retención hidráulico se encuentre entre los *20 s y 3 min*, podemos decir que el desarenador, cumple con el tiempo de retención establecido por el Titulo E, del RAS 2000.

El desarenador está diseñado para manejar una carga superficial de *0.0143 m/s,* de acuerdo al valor obtenido en la *tabla 9,* a continuación, hacemos la conversión a *m/h:*

$$Cs = \frac{0,0143m}{s} * \frac{3600s}{h} = 51,48\ m/h$$

Según los valores de RAS 2000 título E, numeral E.4.4.4.5, la carga superficial, debe variar entre *30 m/h y 65 m/h.* Por lo cual, el desarenador instalado en la PTAR Macadamia cumple con los valores permisibles de carga superficial estipulados en el Titulo E RAS 2000.

## 5.5. *Tanque de igualación*

Para el tanque de igualación, se hizo la verificación del volumen total y un volumen útil del 70% que es la capacidad actual que se encuentra en funcionamiento. A continuación, se muestra la metodología de cálculo para determinar el volumen del tanque de igualación:

*Tabla 10 Datos de diseño, Tanque de igualación.*

| Datos de entrada | Unidad | Valor | Ecuación |
|---|---|---|---|
| Caudal | $m^3/s$ | 0,00582 | - |
| Diámetro | m | 1,8 | - |
| Longitud | m | 7 | - |
| Volumen Total | $m^3$ | 18 | $V = \pi(D/2)^2 * l$ |
| Volumen útil | $m^3$ | 12 | $Vu = V*70\%$ |

Fuente: Autor.

En la *figura 10* observamos el tanque cilíndrico instalado en la planta de tratamiento de agua residual. Este tanque es usado para amortiguar las variaciones de caudal que puede presentar el sistema, y garantizar que se mantenga un caudal constante dentro de los procesos unitarios posteriores garantizando una adecuada operatividad de las unidades.

*Figura 10 Tanque de igualación, PTAR Macadamia.*

### 5.6. *Lodos activados*

Para el diseño del tratamiento biológico se tiene en cuenta que el caudal tratado es proporcionado por una bomba sumergible instalada en el pozo eyector (tanque de homogenización) que bombea un caudal de *2.1 l/s*, el cual es dividido en dos, una parte va para el reactor **biológico 1** y la otra mitad se divide en tres para los **reactores 2,3, y 4** (Ver figura 11).

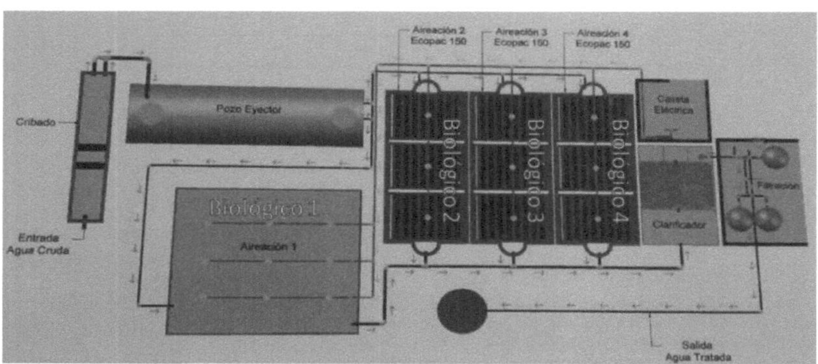


*Figura 11 Reactores biológicos.*
*Fuente: Autor.*

A continuación, se presenta la memoria de cálculo basada en la metodología de cálculo que propone Jairo Romero Rojas, en su libro para tratamiento de agua residual (Romero Rojas, TRATAMIENTO DE AGUAS RESIDUALES. Teoria y principios de diseño, 2000). Para el cálculo del sistema de tratamiento biológico se usaron las ecuaciones *2.5.15 a la 2.5.36*, como se representa en las *tablas 12 y 14*.

*Tabla 11 Datos de diseño Reactor biológico 1*

## Datos iniciales

| Parámetro | Valor | Unidades | Parámetro | Valor | Unidades |
|---|---|---|---|---|---|
| Q afluente | 0,001055 | $m^3/s$ | SS efluente | 90 | mg/l |
| Q afluente | 91,152 | $m^3/d$ | Concentración SSV efluente Xe | 0,072 | $Kg/m^3$ |
| Caudal punta Qp | 0,00211 | $m^3/s$ | Fracción biodegradable SS | 65 | % |
| Caudal punta Qp | 182,304 | $m^3/d$ | Relación $DBO_5$ / $DBO_u$ | 0,68 | |
| $DBO_5$ afluente $S_0$ | 250 | mg/l | Relación $DBO_5$ / células | 1,42 | mg/mg |
| $DBO_5$ efluente | 90 | mg/l | Coeficiente Y | 0,65 | Kg SSV/Kg $DBO_5$ |
| T | 13 | °C | Coeficiente Kd | 0,05 | $d^{-1}$ |
| Relación SSVLM/SSLM | 0,8 | | Tiempo de retención celular $\Theta c$ | 3,7 | d |
| SSVLM (X) | 3500 | mg/l | Densidad del aire cond. norm. | 1,21 | $Kg/m^3$ |
| SSVLM | 3,5 | $Kg/m^3$ | Contenido de oxígeno en el aire | 23,2 | % |
| SSLM | 4375 | mg/l | Eficiencia transferencia Oxígeno | 8 | % |
| Concentración de SS en el lodo | 15000 | mg/l | Factor de seguridad | 2 | |

Fuente: Autor.

Con estos datos iniciales de diseño se procede a hacer el cálculo del reactor biológico 1, se adoptan unos valores de salida de acuerdo a los valores estipulados en la resolución 0631 de 2015 para DBO5 de *90 mg/l* y de Solidos suspendidos totales (SST) de *90 mg/l*. En la *Tabla 12*, relacionamos las ecuaciones y los valores obtenidos para la verificación del funcionamiento teórico del reactor biológico 1. Con base al volumen instalado de *42 m³*, se asume, que los lodos ocupan un volumen del *25 %* del volumen total del reactor, el cual nos daría un volumen útil de *32,5 m³*, con este volumen de referencia, se hace la verificación hidráulica del reactor de lodos activados.

*Tabla 12 Dimensionamiento Reactor Biológico 1*

| Parámetro | | Ecuación | Resultado | Unidades |
|---|---|---|---|---|
| Concentración de $DBO_5$ soluble en el efluente | Fracción biodegradable de los sólidos suspendidos del efluente | SS efluente * fracción biodegradable | 58,5 | mg/l |
| | $DBO_u$ última de los sólidos suspendidos biodegradables del efluente | SS biodegradables * Relación $DBO_u$ / células | 83,1 | mg/l |
| | $DBO_5$ de los SS efluente | $DBO_u$ * Relación $DBO_5$ / $DBO_u$ | 56,5 | mg/l |
| | $DBO_5$ soluble del efluente que escapa al tratamiento (S) | $DBO_5$ efluente - $DBO_5$ SS efluente | 33,5 | mg/l |
| Eficiencia basada en $DBO_5$ soluble | $E_s$ (%) | $((S_0-S)/S_0)*100$ | 90,4 | % |
| Eficiencia conjunta de la planta | $E_{global}$ (%) | $((S_0-DBO_5\text{ efluente})/S_0)*100$ | 74,28571429 | % |
| Volumen del reactor | V | Volumen instalado | 32,5 | $m^3$ |
| Cantidad de lodo a purgar | Y observada | $Y/(1+Kd*\Theta c)$ | 0,55 | Kg SSV / Kg $DBO_5$ |
| | Lodo SSV purgado (Px) | $Yobs*Q(S_0-S)$ | 16 | Kg/d |
| | Lodo SS purgado (Px) | Px/ (SSVLM/SSLM) | 20 | Kg/d |
| | Cantidad de lodo a purgar | Px SS - SS efluente (Q*SS efluente) | 12 | Kg/d |
| Cantidad de lodo a purgar desde el reactor | Caudal de purga (Qw) | $(VX-(Qe*Xe*\Theta c))/(X*\Theta c)$ | 9 | $m^3/d$ |
| | Caudal de recirculación (Qr) | $(XQ)/(Xr-X)$ | 0,00043 | $m^3/d$ |

| Relación de recirculación | Relación de recirculación R | Qr/Q | 0,41 | |
|---|---|---|---|---|
| Tiempo de retención hidráulica | q | V/Q | 0,35 | d |
| | | | 8,29 | h |
| Demanda de oxígeno | $DBO_u$ agua residual afluente | $(Q(S-S_0))$/Relación $DBO_5$/$DBO_u$ | 42,4 | Kg/d |
| | Demanda de Oxígeno (Do) | $DBO_u$ agua residual afluente - (Px * Relación $DBO_u$ / células) | 20,0 | Kg/d |
| Relación F/M | F/M | $QS_0$/VX | 0,20 | $d^{-1}$ |
| Carga volumétrica | CV | $(S_0*Q)$/V | 0,76 | kg $DBO_5$/$m^3$*d |

Fuente: Autor.

En el titulo E, del RAS 2000, tabla E.4.11, se dan los parámetros empíricos de diseño para los lodos activados, que al ser comparados con los datos obtenidos en la *tabla 12,* los valores de carga volumétrica de *0.3 - 1.0 KgDBO5/m³/d,* está dentro del rango establecido por la norma, con un valor de *0,76 KgDBO5/m³/d.* Los tiempos de detención de acuerdo a la tabla E.4.11. del RAS 2000 título E, para un sistema convencional de lodos activados es de *4-8 h,* en referencia con el tiempo de detención calculado que fue de *8,29 h,* podemos concluir que se encuentra dentro de los rangos estipulados por esta norma.

Para el dimensionamiento de los reactores de lodos activados *2,3 y 4* se emplea la misma metodología de cálculo, pero el caudal se divide en tres. En la *tabla 13,* se presentan los datos para el cálculo del reactor biológico 2.

*Tabla 13 Datos de diseño Reactor biológico 2 (Lodos activados)*

| Datos iniciales | | | | | |
|---|---|---|---|---|---|
| **Parámetro** | **Valor** | **Unidades** | **Parámetro** | **Valor** | **Unidades** |
| Q afluente | 0,00035167 | $m^3$/s | SS efluente | 90 | mg/l |
| Q afluente | 30,384 | $m^3$/d | Concentración SSV efluente Xe | 0,072 | $Kg/m^3$ |
| Caudal punta Qp | 0,00211 | $m^3$/s | Fracción biodegradable SS | 65 | % |
| Caudal punta Qp | 182,304 | $m^3$/d | Relación $DBO_5$ / $DBO_u$ | 0,68 | |
| $DBO_5$ afluente $S_0$ | 250 | mg/l | Relación $DBO_5$ / células | 1,42 | mg/mg |
| $DBO_5$ efluente | 90 | mg/l | Coeficiente Y | 0,65 | Kg SSV/Kg $DBO_5$ |
| T | 13 | °C | Coeficiente Kd | 0,05 | $d^{-1}$ |
| Relación SSVLM/SSLM | 0,8 | | Tiempo de retención celular Ǝc | 3,7 | d |
| SSVLM (X) | 3500 | mg/l | Densidad del aire cond. norm. | 1,21 | $Kg/m^3$ |
| SSVLM | 3,5 | $Kg/m^3$ | Contenido de oxígeno en el aire | 23,2 | % |

| SSLM | 4375 | mg/l | Eficiencia transferencia Oxígeno | 8 | % |
| Concentración de SS en el lodo | 15000 | mg/l | Factor de seguridad | 2 | |

Fuente: Autor.

En la *tabla 14*, se representa la metodología de cálculo para el reactor biológico 2. Con base al volumen instalado de 14,4 $m^3$, se asume, que los lodos ocupan un volumen del *25 %* del volumen total del reactor, el cual nos daría un volumen útil de *10,8 $m^3$*, con este volumen de referencia, se hace la verificación hidráulica del reactor de lodos activados.

Tabla 14 Dimensionamiento Reactor Biológico 2

| Parámetro | | Ecuación | Resultado | Unidades |
|---|---|---|---|---|
| Concentración de $DBO_5$ soluble en el efluente | Fracción biodegradable de los sólidos suspendidos del efluente | SS efluente * fracción biodegradable | 58,5 | mg/l |
| | $DBO_u$ última de los sólidos suspendidos biodegradables del efluente | SS biodegradables * Relación $DBO_u$ / células | 83,1 | mg/l |
| | $DBO_5$ de los SS efluente | $DBO_u$ * Relación $DBO_5$ / $DBO_u$ | 56,5 | mg/l |
| | $DBO_5$ soluble del efluente que escapa al tratamiento (S) | $DBO_5$ efluente - $DBO_5$ SS efluente | 33,5 | mg/l |
| Eficiencia basada en $DBO_5$ soluble | $E_s$ (%) | $((S_0-S)/S_0)*100$ | 90,4 | % |
| Eficiencia conjunta de la planta | $E_{global}$ (%) | $((S_0-DBO_5 \text{ efluente})/S_0)*100$ | 74,28571429 | % |
| Volumen del reactor | V | Volumen instalado | 10,8 | $m^3$ |
| Cantidad de lodo a purgar | Y observada | $Y/(1+Kd*\Theta c)$ | 0,55 | Kg SSV / Kg $DBO_5$ |

| | Lodo SSV purgado (Px) | Yobs*Q($S_0$-S) | 5 | Kg/d |
|---|---|---|---|---|
| | Lodo SS purgado (Px) | Px/ (SSVLM/SSLM) | 7 | Kg/d |
| | Cantidad de lodo a purgar | Px SS - SS efluente (Q*SS efluente) | 4 | Kg/d |
| Cantidad de lodo a purgar desde el reactor | Caudal de purga (Qw) | (VX-(Qe*Xe*$\Theta$c))/(X*$\Theta$c) | 3 | $m^3$/d |
| Relación de recirculación | Caudal de recirculación (Qr) | (XQ)/(Xr-X) | 0,00014 | $m^3$/d |
| | Relación de recirculación R | Qr/Q | 0,41 | |
| Tiempo de retención hidráulica | q | V/Q | 0,36 | d |
| | | | 8,53 | h |
| Demanda de oxígeno | $DBO_u$ agua residual afluente | (Q(S-$S_0$))/Relación $DBO_5$/$DBO_u$ | 14,1 | Kg/d |
| | Demanda de Oxígeno (Do) | $DBO_u$ agua residual afluente - (Px * Relación $DBO_u$ / células) | 6,7 | Kg/d |
| Relación F/M | F/M | $QS_0$/VX | 0,20 | $d^{-1}$ |
| Carga volumétrica | CV | ($S_0$*Q)/V | 0,74 | kg $DBO_5$/$m^3$*d |

Fuente: Autor.

El cálculo de los reactores posteriores 3 y 4, es el mismo empleado en la matriz de la *tabla 14*, dado que los reactores presentan igualdad en los datos de diseño y un volumen instalado de *14,4 $m^3$*, solo se tendrán en cuanto los resultados en el análisis de los mismos en comparación con el RAS 2000.

El titulo E del RAS 2000 estipula los parámetros de diseño para lodos activados, en cuanto a tiempo de retención hidráulico estipula un valor de *4 – 8 h*, en relación con los datos ilustrados en la tabla anterior, el tiempo de retención obtenido es de *8,53 h*, lo que nos permite interpretar que el valor obtenido está dentro del rango permitido. La *tabla E 4.11.*, nos da los valores de carga volumétrica dentro de un rango de *0,3 - 1.0 $KgDBO_5/m^3/d$* y en comparación con el valor calculado en la *tabla 14* de *0,74 $KgDBO5/m^3/d$*, podemos concluir que se encuentra dentro del rango aceptable estipulado por el RAS 2000 título E.

En la *figura 12* observamos los reactores de lodos activados instalados en la PTAR Macadamia.

*Figura 12 Tratamiento Biológico, PTAR Macadamia.*

### 5.6.1. Requerimiento de oxigeno

Para calcular el aire necesario para garantizar el buen funcionamiento del sistema IFAS de lodos activados, se procede a usar la metodología propuesta por (Romero Rojas, TRATAMIENTO DE AGUAS RESIDUALES. Teoria y principios de diseño, 2000). Como se presenta a continuación en la *tabla 15*.

*Tabla 15 Requerimiento de aire, sistema de aireación de lodos activados (Oxigenación).*

| Parámetro | Unidad | Valor | Ecuación |
|---|---|---|---|
| Caudal (Q) | $m^3/d$ | 181,44 | - |
| Concentración de SS en el lodo (Xr) | mg/l | 15000 | - |
| $DBO_5$ afluente ($S_0$) | mg/l | 250 | - |
| $DBO_5$ efluente (S) | mg/l | 50 | - |
| Lodo SSV purgado (Px) | Kg/d | 16 | - |
| Lodo seco | Kg/d | 20 | Lc = Px/%SSV |
| Lodo de Purga (Qw) | $m^3/d$ | 1,3 | Qw = Px/Xr |
| Demanda de Oxigeno (OD) | $KgO_2/dia$ $KgO_2/h$ | 31,712 1,32133333 | DO=1,5(Q)*(So-S)-1,42(Xr)(Qw) |
| Presión en el sitio ($P_1$) | mmHg | 530 | - |
| Presión estándar ($P_0$) | mmHg | 760 | - |
| Presión de Vapor a 13°C $P_v$ | mmHg | 11,237 | - |
| Factor de corrección (Fc) | - | 0,6928 | Fc = $(P_1-P_v)/(P_0-P_v)$ |
| Temperatura | ° | 13,0000 | - |
| Saturación de oxigeno (St $O^2$) | mg/l | 10,4717 | $StO^2$=14,625-0,41022*(T)+0,007991*(T^2)-0,000077774*(T^3) |
| Saturación de oxigeno condiciones estándar (Cs) | mg/l | 9,1700 | - |
| Factor corrección por tensión superficial (β) | - | 0,9500 | - |
| Concentración de $O^2$ en el reactor (C1) | mg/l | 1,0000 | - |
| Factor corrección por transferencia de O2 (α) | - | 0,6500 | - |
| Demanda de Oxigeno en el sitio (ODsitio) | Kg/d | 3,73490329 | ODS= OD*Cs/(β*Fc*SatO2-C1)*α*(1,024)^(T-20) |
| Eficiencia transferencia de $O^2$ | % | 5 | - |
| Sumergencia difusores | m | 1,9000 | - |
| Razón absorción de aire (RA) | % | 9,5 | - |
| Aire requerido | $m^3/h$ $m^3/s$ CFM | 187,213198 0,05200367 110,190228 | A = Odsitio/(AR*0,21) |
| Diferencia de presión ambiente columna de agua | KPA | 9 | - |
| Eficiencia bomba | % | 70% | - |
| ΔP | - | 101,33 | - |
| Potencia de la Bomba | Kw Hp | 4,60891966 6,180561 | P = (A*ΔP*9)/(E*14,7) |

Fuente: Autor.

Con base a la memoria de cálculo representada en la *tabla 15*, se obtuvo que para el adecuado funcionamiento del sistema de IFAS, se requieren *187 $m^3/h$* de aire y una potencia del aireador de *5 KW o 6 HP* teóricos. A continuación, en la *tabla 16*, se hace la comparación de volumen de aire requerido en relación al instalado, en la *figura 13* se observa las especificaciones técnicas del aireador.

*Tabla 16 Requerimiento de aire requerido vs instalado.*

| Parámetro | Unidad | Requerido | Instalado |
|---|---|---|---|
| *Caudal aire* | $m^3/h$ | *187* | *180* |
| *Potencia motor* | *KW* | *5* | *5,5* |

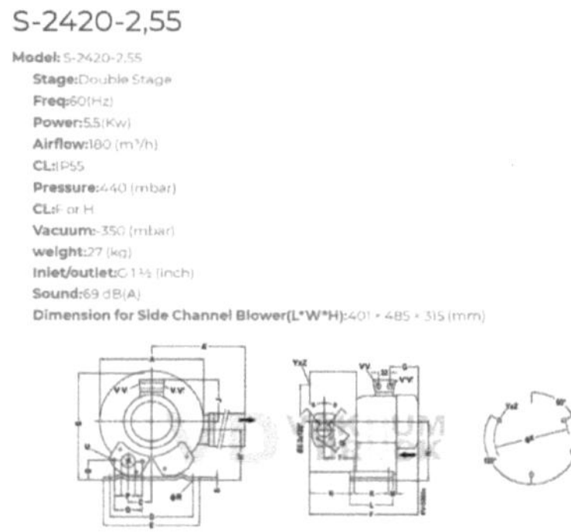


*Figura 13 Aireador instalado PTAR Macadamia, Fuente: (MANUAL DE OPERACIÓN Y MANTENIMIENTO PLANTA DE TRATAMIENTO DE AGUAS RESIDUALES DOMESTICAS)*

Da la *tabla 16* podemos concluir que el aireador instalado suple las necesidades de aireación del Biorreactor IFAS, lo que se evidencia en la calidad del efluente de la PTAR.

## 5.7. *Verificación del gradiente en el floculador*

La planta cuenta con un solo compartimiento de floculación de pantallas de flujo horizontal, la mezcla rápida se da antes de ingresar a la unidad, en tubería de conducción se le agrega Hidroxicloruro de Aluminio, a *1 m* antes de ingresar al floculador para garantizar la homogenización del coagulante. La verificación teórica para este proceso unitario consistió en la validación del gradiente dentro del floculador que se encontrara dentro de los valores representados en el RAS 2000 Titulo C, el cual estipula los criterios de diseño para floculadores hidráulicos; el numeral C.5.5.1.1., dicta que el valor del gradiente de velocidad debe estar entre *20 s⁻¹* y *70 s⁻¹* y una velocidad del agua de *0.2 m/s* a *0.6 m/s*. En la *tabla 17* se representan los datos necesarios para hacer la verificación del gradiente.

*Tabla 17 Datos de diseño floculador*

| Parámetro | Valor | Unidad |
|---|---|---|
| Ancho (b) | 2,00 | m |
| Alto (y) | 1,7 | m |
| Manning (n) | 0,013 | - |
| Densidad (ρ) | 999,5 | $Kg/m^3$ |
| Viscosidad a 13° | 0,001235 | $Kgm/s^2$ |
| Altura tabique | 0,3 | m |
| Velocidad | 0,35 | m/s |

Fuente: Autor.

A continuación, en la *tabla 18,* se presenta la metodología de cálculo y se ilustran las ecuaciones empleadas para la verificación del gradiente de velocidad dentro de la unidad de floculación:

*Tabla 18 Verificación del gradiente en la unidad de floculación.*

| Parámetro | Unidad | Valor | Ecuación |
|---|---|---|---|
| Gradiente | $s^{-1}$ | 20,160 | $G=n*Raiz((y/\mu)*V^3/4*Rh^{-2/3})$ |
| Peso especifico | $N/m^2$ | 9805,095 | $\gamma=\rho*g$ |
| Radio Hidráulico | m | 0,230769231 | $Rh= by/(b+2y)$ |
| Volumen | $m^3$ | 4,080 | $V=b*Y*L$ |
| Tiempo floculación | min | 14 | $t=V/Q$ |

Fuente: Autor.

El Acueducto Rural de Tres Quebradas, estaba interesado en hacer una verificación del gradiente en el proceso unitario de floculación, de acuerdo con las condiciones de diseño instaladas en la PTAR como se muestra en la *tabla 18*, y comparar con el valor establecido en el Titulo C del RAS 2000, numeral C.5.5.1.1, donde reglamenta un valor del gradiente de velocidad en un rango entre *20 s⁻¹* y *70 s⁻¹*, en referencia con el gradiente calculado de 20,160 s⁻¹, podemos concluir que este se encuentra dentro del valor reglamentado por el Titulo C del RAS 2000.

El Floculador y el sedimentador de colmena están instalados en una sola unida separados por una pantalla con un orifico rectangular en el fondo, para garantizar un flujo vertical de modo ascensional hacia el clarificador, como se muestra en la *figura 14*.

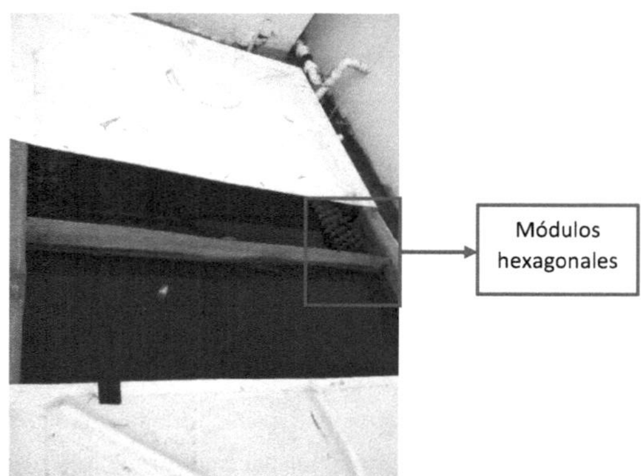



*Figura 14 Unidad de floculación y sedimentación de alta tasa, PTAR Macadamia.*

## 5.8. *Dimensionamiento Clarificador lamelar*

La planta cuenta con una unidad de sedimentación de alta tasa, conformada por un sedimentador tipo colmena como se ilustra en la *figura 14*, en la *tabla 19* se representan los datos de diseño. Estos datos fueron suministrados por empresa prestadora del servicio a cargo de la PTAR.

Tabla 19 Datos de diseño Clarificador

| Parámetro | Valor | Unidad |
|---|---|---|
| Caudal | 5,82 | $L/s$ |
|  | 0,00582 | $m^3/s$ |
| Longitud modulo (l) | 0,52 | $m/s$ |
| Angulo (Θ) | 60 | ° |
| Separación tubos (e) | 0,06 | $m$ |
|  | 6 | $cm$ |
| Factor de forma (Sc) | 1 | - |
| Longitud clarificador (Lc) | 1,8 | $m$ |
| Profundidad Clarificador (h) | 1,6 | $m$ |
| Ancho (b) | 2 | $m$ |
| Temperatura | 13 | °C |
| Viscosidad a 13° | 0,01236 | $cm/s^2$ |
|  | 0,00000124 | $m/s^2$ |
| Densidad a 13° | 999,5 | $N/m^3$ |
| Velocidad de sedimentación critica (Vsc) | 30 | $m^3/m^2*d$ |
|  | 0,035 | $cm/s$ |
| Dimensión Hexágono | 0,500 | $m$ |
| Área Hexágono | 1,3 | $m^2$ |

Fuente: Autor.

A continuación, en la *tabla 20* se muestra la metodología planteada para el diseño de un clarificador primario propuesta por Jairo Romero Rojas en su libro titulado Potabilización del agua tercera edición. Se emplea metodología de agua de diseño de procesos unitarios de agua potable, dado que el sedimentador funciona posterior a la formación de flog del proceso de coagulación y floculación que son empleados dentro de la planta como tratamiento terciario. Las ecuaciones usadas para elaborar la matriz de cálculo van desde la *2.5.37 a 2.5.46.*

*Tabla 20 Dimensionamiento Clarificador*

| Parámetro | Unidad | Valor | Ecuación |
|---|---|---|---|
| Longitud relativa | $m$ | 8,667 | $L= l/e$ |
| Velocidad en la promedio laminas | $m/s$ $m/d$ | 0,38771 55830659 | $Vo=Q/A*sen\Theta$ |
| Longitud ocupada por placas | $m$ | 4,07789 | $L'=0,013*(Vo*e)/v$ |
| Longitud relativa del sedimentador | $m$ | 4,589 | $Lc =L-Lc$ |
| Carga Superficial Instalada | $m/d$ | 176,656 | $Vsc = Sc*Vo/sen\Theta+Lc*cos\Theta$ |
| Carga Superficial área cubierta por los tubos hexagonales | $m/s$ $m^3/m^2*d$ | 0,00161667 139,68 | $CS= Q/As$ |
| Número de Reynolds | - | 313,9835854 | $R=Vo*e/v$ |
| Tiempo de retención tubos hexagonales | $min$ | 1 | $t= l/Vo$ |
| Tiempo retención sedimentador | $min$ | 16 | $t = \forall/Q$ |
| Velocidad en las promedio en el tanque | $m/s$ | 0,00181875 | $V = Q/As$ |

Fuente: Autor.

En el titulo C, numeral C.6.5.1.3 se dan los parámetros de diseño para sedimentadores de alta tasa, en la *tabla 21* se hace la comparación respectiva entre la normativa y los valores obtenidos.

*Tabla 21 Comparación RAS 2000 Titulo C.*

| Parámetro | Valor calculado | Titulo C RAS 2000 | Cumple / No cumple |
|---|---|---|---|
| Tiempo de Detención | 16 min | 10-15 min | Cumple |
| Carga superficial | 176,7 $m^3/m^2*d$ | 120 - 185 $m^3/m^2*d$ | Cumple |
| Numero de Reynolds | 314 | < 500 | Cumple |

Fuente: Autor.

## 5.9. Dimensionamiento filtro

Como en el sistema de tratamiento terciario se cuenta con un área de filtraciones, se procede hacer el cálculo pertinente solicitado por el Acueducto Rural de Tres Quebradas, para futuros procesos de optimización. El RAS 2000 Titulo C, numeral C.7.5.1.3 Velocidad de filtración se estipulan los valores de la tasa de filtración la cual no debe ser mayor a *300 $m^3/(m^{2*}día)$* en filtros de lecho mixto arena y antracita, ARBOLEDA VALENCIA, en su libro Teoría y Práctica de la Purificación del Agua. Bogotá D.C.: Mc Graw Hill. Volumen 1, 2000, p.327 nos indica una tasa de filtración de *130 – 360 $m^3/(m^{2*}día)$,* para el caso práctico de este ejercicio se adopta un valor de 250 *$m^3/(m^{2*}día)$,* como se evidencia en la *tabla 22* y con este se hace la determinación del área requerida para el filtro, en la tabla que se representa a continuación se presentan lo valores de diseño y ecuaciones usadas para el dimensionamiento del filtro.

*Tabla 22 Datos de diseño y dimensionamiento filtro*

| Parámetro | Unidad | Valor | Ecuación |
|---|---|---|---|
| | L/s | 2,1 | - |
| Caudal | $m^3/s$ | 0,0021 | - |
| | $m^3/h$ | 7,56 | - |
| Velocidad filtración (Vs) | $m^3/m^2$ h | 250 | 120-360 |
| Numero de filtros (n) | - | 1 | - |
| Caudal por filtro (Qf) | L/s | 2,1 | $Qf = Q/n$ |
| Área de filtros (Af) | $m^2$ | 0,030 | $Af = Q/Vs$ |
| Diámetro (D) | $m^2$ | 0,20 | $D = (\sqrt{Af/\pi}) * 2$ |
| Diámetro adoptado | m | 0,8 | - |
| Nueva área por filtro | $m^2$ | 0,5 | $A = \pi(D/2)^2$ |
| Altura (Hf) | m | 1 | - |
| Altura arena (hs) | m | 0,3 | - |
| Altura antracita (ha) | m | 0,4 | - |
| Altura del lecho (H) | m | 0,7 | $H = hs + ha$ |

Fuente: Autor.

## 5.10. *Perfil hidráulico*

El perfil hidráulico requiere usar ecuaciones y expresiones de la hidráulica que permitan determinar las pérdidas de carga en los conductos abiertos, cerrados y las singularidades a las que se enfrenta el flujo del agua a través de cada una de las estructuras instaladas A continuación, se presenta la memoria técnica de cálculo del perfil hidráulico para la PTAR Macadamia. Este perfil se divide en tres secciones dado el diseño de la planta, que opera en el tratamiento primario a gravedad, tratamiento secundario (Biológico) a presión por una bomba sumergible y por último el tratamiento terciario que funciona a gravedad nuevamente.

En la *tabla 23* se representa la metodología de cálculo y se relacionan las ecuaciones hidráulicas utilizadas en la determinación del perfil hidráulico correspondiente al tratamiento primario (Cribado, desarenador y tanque de igualación). Para la obtención de la perdida de carga, se tiene en cuenta la perdida de carga calculada para la unidad de cribado, la cual se representa en el capítulo 5,3, página 40. Para el cálculo del perfil hidráulico se usaron las ecuaciones *2.6.1* a *2.6.6*, como se representan en las tablas a continuación.

*Tabla 23 Calculo perdidas de carga tratamiento primario.*

| Perdidas de carga  Tratamiento primario | | | |
|---|---|---|---|
| *Parámetro* | *Unidad* | *Valor* | *Ecuación* |
| *Caudal (Q)* | $m^3/s$ | *0,00582* | - |
| *Diámetro interno (D)* | *pul* | *3* | - |
| | *m* | *0,08042* | |
| | *mm* | *80,42* | - |
| *Perdida de carga en orificios (ha)* | *m* | *0,17407* | $h = (Q/KA(2^0,5)(g^0,5))^2$ |
| *Área* | $m^2$ | *0,00508* | $A = \pi(D^2)/4$ |
| *Constante* | - | *0,62* | - |
| *Velocidad (v)* | *m/s* | *1,14579* | $V = Q/A$ |
| *Viscosidad (μ)* | $Kg/m\ s^2$ | *0,001235* | - |
| *Densidad (ρ)* | $Kg/m^3$ | *999,5* | - |
| *Reynolds (Re)* | - | *74574* | $Re = (VD\rho/(\mu))$ |
| *Rugosidad (ε)* | *mm* | *0,0015* | |
| *Coeficiente de Fricción (f)* | - | *0,01910* | $f = \dfrac{1{,}325}{\left\{-ln\left(\frac{\varepsilon}{3{,}7D} + \frac{5{,}74}{Re^{0{,}9}}\right)\right\}^2}$ |
| *Constante Codo (Kc)* | - | *0,9* | - |
| *Longitud (L)* | *m* | *1,5* | - |
| *Perdida de carga en accesorios (ha)* | *m* | *0,06022* | $ha = K*(V^2/2g)$ |
| *Perdida de carga en tubería (ht)* | *m* | *0,023837774* | $ht = f*(L/D)*(V^2/2g)$ |
| *Perdida de carga Rejilla gruesa(hg)* | *m* | *0,0015141* | *Ver tabla 9* |
| *Perdida de carga Tamiz fijo (hr)* | *m* | *0,0005751* | *Ver tabla 10* |
| *Perdida de carga final (Δh)* | *m* | *0,26022* | $\Delta h = ha+ht+hr+hg+ha$ |
| | *cm* | *26* | |

Fuente: Autor.

A continuación, en la *tabla 24*, se ilustran las pérdidas de carga calculadas para el tratamiento biológico.

*Tabla 24 Calculo pedidas de carga salida tratamiento biológico*

| Perdida de carga salida tratamiento biológico | | | |
|---|---|---|---|
| **Parámetro** | **Unidad** | **Valor** | **Ecuación** |
| Caudal (Q) | $m^3/s$ | 0,0021 | - |
| Diámetro interno (D) | pul | 3 | - |
| | m | 0,08042 | - |
| | mm | 80,42 | - |
| Área | $m^2$ | 0,00508 | $A = \pi(D^2)/4$ |
| Perdida de carga en orificio (ho) | m | 0,02266 | $ho = (Q/KA(2^{0,5})(g^{0,5}))^2$ |
| Constante | - | 0,62 | - |
| Velocidad | m/s | 0,41343 | $V = Q/A$ |
| Viscosidad (μ) | $Kg/m\ s^2$ | 0,001235 | - |
| Densidad (ρ) | $Kg/m^3$ | 999,5 | - |
| Reynolds (Re) | - | 26908 | $Re = (VD\rho/(\mu))$ |
| Rugosidad (ε) | mm | 0,0015 | |
| Coeficiente de Fricción (f) | - | 0,02404 | $f = \dfrac{1,325}{\left\{-\ln\left(\frac{\varepsilon}{3,7D} + \frac{5,74}{Re^{0,9}}\right)\right\}^2}$ |
| Constante Codo (Kc) | - | 0,9 | |
| Numero de codos | n | 2 | - |
| Constante codo final (Kcf) | - | 1,8 | $Kcf = Kc*n$ |
| Constante Te (Kt) | - | 1,8 | - |
| Número de T | n | 3 | - |
| Constante Te final (Ktf) | | 5,4 | $Ktf = Kt*n$ |
| Longitud (L) | m | 10 | - |
| Perdida de carga en accesorios (ha) | m | 0,06272 | ha = ΣK*(V^2/2g) |
| Perdida de carga en tubería (ht) | m | 0,026040789 | ht = f*(L/D)*(V^2/2g) |
| Perdida de carga final (Δh) | m | 0,11143 | $\Delta h = ho + ha + ht$ |
| | cm | 11,1 | |

Fuente: Autor.

Para determinar la perdida de carga en el tren de tratamiento primario y biológico, se tomaron los valores de perdida de carga expresados en las *tablas 23 y tabla 24*. Estos valores fueron restados a la cota inicial o cota en la cual está instalada la PTAR Macadamia para obtener la perdida de carga neta en la planta. A continuación, se representa la metodología de cálculo que se utilizó para conformar la *tabla 25*.

$$Perdida\ de\ carga\ neta = Cota\ inicial - Perdida\ de\ carga$$

$$\Delta H = 2640\ m - 0,2602\ m = 2639,7m$$

$$\Delta H = 2639.7\ m - 0.1114\ m = 2639{,}63m$$

$$\Delta H = 2640\ m - 2639{,}63m = 0{,}372\ m$$

*Tabla 25 Perdida de carga total en el tren de tratamiento*

| Parámetro | Unidad | Valor |
|---|---|---|
| Cota entrada PTAR | m | 2640 |
| Perdida carga salida tratamiento primario | m | 0,2602 |
| Cota entrada Tanque igualación | m | 2639,7 |
| Cota salida Tratamiento biológico | m | 2639,7 |
| Perdida de carga salida tratamiento biológico | m | 0,1114 |
| Cota final | m | 2639,63 |
| | cm | 263962,84 |
| Perdida de carga total | m | 0,372 |
| | cm | 37,16 |

Fuente: Autor.

Como se representa en la *tabla 25,* se hizo el cálculo de las pérdidas de carga dentro del sistema de tratamiento, obteniendo una pérdida de carga teórica total de *37 cm*, este desnivel o perdida de carga nos permite identificar que el tren de tratamiento cuenta un adecuado funcionamiento hidráulico. En campo se hizo una verificación de nivel, con el fin de corroborar el funcionamiento hidráulico tanto de reboces como de aducciones, garantizando que no se presentaran inundaciones o desbordamientos en las unidades de tratamiento.

## 5.11. Balance de masas

Para estimar la carga removida de en por el tren de tratamiento de la PTAR Macadamia, se hace un balance de masa teórico, donde se toman como referencia los porcentajes de remoción estipulados en la *tabla 26,* de la Resolución 0330 de 2017 y se compara con los valores obtenidos de laboratorio. En cada una de las tablas que se ilustran a continuación, *tabla 26, tabla 27 y tabla 28,* se presentan los porcentajes de remoción esperados de acuerdo a la tabla 28 de la resolución 0330 de 2017. Los valores de concentración inicial son adoptados teniendo en cuenta que es un agua residual doméstica.

*Tabla 26 Balance de masas tratamiento primario*

| Tratamiento primario | | | |
|---|---|---|---|
| Parámetro | Concentración entrada (mg/l) | Eficiencia (%) | Concentración salida (mg/l) |
| DBO | 250 | 5% | 237,5 |
| SST | 170 | 10% | 150 |
| Gras y aceites | 80 | 40% | 48 |

Fuente: Autor.

*Tabla 27 Balance de masas Tratamiento secundario*

| Tratamiento Secundario reactor biológico | | | |
|---|---|---|---|
| Parámetro | Concentración entrada (mg/l) | Eficiencia (%) | Concentración salida (mg/l) |
| DBO | 237,5 | 80% | 47,5 |
| SST | 153 | 80% | 30,6 |
| Gras y aceites | 48 | 40% | 28,8 |

Fuente: Autor

*Tabla 28 Balance de masas tratamiento terciario*

| Tratamiento terciario químico | | | |
|---|---|---|---|
| Parámetro | Concentración entrada (mg/l) | Eficiencia (%) | Concentración salida (mg/l) |
| DBO | 47,5 | 30% | 33,25 |
| SST | 30,6 | 40% | 18.36 |
| Gras y aceites | 28,8 | 30% | 20,16 |

Fuente: Autor

Con base en las concentraciones calculadas y representadas en las *tablas 26, tabla 27 y tabla 28*, se construye la *tabla 29*, donde se calcula el porcentaje de remoción total esperado de la PTAR.

Tabla 29 *Eficiencia de remoción total  PTAR Macadamia*

| PTAR Macadamia | | | |
|---|---|---|---|
| Parámetro | Concentración entrada (mg/l) | Concentración salida (mg/l) | Eficiencia (%) |
| DBO | 250 | 33,25 | 87% |
| SST | 170 | 18,36 | 89% |
| Gras y aceites | 80 | 20,16 | 75% |

Fuente: Autor.

En la *tabla 30* se representan los valores obtenidos en la prueba de laboratorio (ver anexo 2, 3 y 4), con sus respectivos porcentajes de remoción a la salida del tratamiento biológico y a la salida de la planta, y se hace la verificación de cumplimiento normativo, basados en la resolución 0631 de 2017.

Tabla 30 *Resultados de laboratorio caracterización AR entrada y salida de la PTAR Macadamia.*

| Resultados Agua Residual laboratorio | | | | | | |
|---|---|---|---|---|---|---|
| Parámetro | Concentración entrada | Salida Reactor Biológico | Salida PTAR (mg/l) | Porcentaje de Remoción | Porcentaje de Remoción Neto | Resolución 0631 de 2017 |
| DBO (mg/l) | 250 | 96,6 | 42 | 61 | 83% | 90 |
| SST (mg/l) | 77,5 | 28 | 14,1 | 64 | 82% | 90 |
| Gras y aceites (mg/l) | 139 | 106 | 9,97 | 24 | 93% | 20 |

Fuente: Autor.

Como se evidencio en los resultados de la *tabla 30* la planta cuenta con una eficiencia de remoción de contaminantes criterio que se encuentra sobre el 80%, de acuerdo a la tabla E.4.2 del título E del Ras 2000; garantizando una buena calidad del afluente vertido. Con base en estos resultados, podemos decir que la Planta de tratamiento de agua residual del conjunto Residencial Macadamia opera bajo excelentes condiciones de remoción de DBO5, grasas y aceites y solidos suspendidos totales, de acuerdo a las cargas que estipula la Resolución 0631 de 2017.

Comparando los valores obtenidos del balance de masas esperado calculado con base a la tabla 28 de la resolución 0330 de 2017, encontramos que los valores no distan demasiado en relación con los valores obtenidos del muestreo y análisis del laboratorio, como se observa al comparar la *tabla 29 y la tabla 30,* donde se representan los valores finales de remoción de la PTAR.

## 5.12. *Análisis y discusión de los resultados*

- Dentro del conjunto Macadamia, no residen la población neta para la cual se diseñó la PTAR, sino una población mucho menor, por lo cual se estima que la planta opera a un máximo aproximado del 40% de su capacidad.
- El tiempo de retención hidráulico obtenido para el desarenador es de (3,46 min), lo cual cumple con lo estipulado con el RAS 2000 Titulo E, numeral E.4.4.4., para este tipo de unidad debe estar entre *20 s y 3 min.*
- El valor calculado de carga superficial del desarenador fue de *51,48 m/h,* cumpliendo con lo establecido por el Titulo E del RAS 2000.
- El tiempo de detención para el reactor biológico 1 calculado fue de *8,29 h,* para los reactores 2,3 y 4 fue de *8, 53 h* para cada reactor en serie, con base en estos tiempos de detención estarían dando cumplimiento a los parámetros de diseño establecidos por el Titulo E del RAS 2000, el cual estipula un rango de *4 – 8 h.*
- Los valores de carga obtenidos para los reactores biológicos están entre los *0,74 KgDBO5/m³/d* y *0,76 KgDBO5/m³/d,* estos valores están dentro del rango permitido para carga volumétrica de *0.3 - 1.0 KgDBO5/m³/d,* estipulado por el Titulo E, del RAS 2000.
- El caudal de aire requerido por el sistema de lodos activados es de *187 m³/h,* en relación al instalado de *180 m³/h,* cumple con las necesidades por el sistema biológico, el cual se puede evidenciar en la calidad del efluente (ver numeral 5.11, tabla 30).
- Con las condiciones de diseño instaladas en la PTAR, como se muestra en la *tabla 20,* y al comparar con el valor establecido en el Titulo C del RAS 2000, numeral C.5.5.1.1, donde reglamenta un valor del gradiente de velocidad en un rango entre *20 $s^{-1}$* y *70 $s^{-1}$,* en referencia con el gradiente calculado de 20,160 $s^{-1}$, podemos concluir que este se encuentra dentro del valor reglamentado por el Titulo C del RAS 2000.

- Con base a la corroboración de los parámetros de diseño del clarificador, se obtuvo un tiempo de detención hidráulico de *16 min*, que al ser comparado con el Titulo C del RAS 2000 se encuentra dentro del rango de *10-16 min*, otro parámetro verificado fue la carga superficial, para la cual se calculó un valor de *176 $m^3/m^2*d$* y de acuerdo a la norma nacional, esté valor debe estar entre los *120 – 185 $m^3/m^2*d$*, por lo cual podemos concluir que cumple al reglamento, y por último se obtuvo un número de Reynolds calculado de *314* y con base al Título C del RAS 200 este debe ser menor de 500, por consiguiente concluimos que el clarificador cumple con las condiciones de diseño estipuladas por el RAS 2000.

- El sistema de tratamiento cuenta con un adecuado funcionamiento hidráulico, como se muestra en la *tabla 25*, lo que corrobora el buen funcionamiento de las unidades de tratamiento, tanto de reboces como de aducciones, garantizando que no se presentaran inundaciones o desbordamientos en las unidades de tratamiento.

- Como se evidencio en los resultados de la *tabla 30* la planta cuenta con una eficiencia de remoción de contaminantes criterio que se encuentra sobre el 80%, de acuerdo a la tabla E.4.2 del título E del Ras 2000; garantizando una buena calidad del afluente vertido.

# 6. PROPUESTA DE MEJORAMIENTO Y RECOMENDACIONES

Realizada la evaluación hidráulica y de operatividad de la PTAR Macadamia, con sus respectivas pruebas de laboratorio y elaboradas las memorias de cálculo como soporte técnico, se llegó a la conclusión que la PTAR se encuentra operando en condiciones óptimas, garantizando que la calidad del efluente se encuentra dentro de los niveles máximos permitidos por la Resolución 0631 de 2017; por consiguiente las propuestas de mejora que se plantean se basan en buenas prácticas de manejo y recomendaciones para garantizar el buen funcionamiento de la PTAR.

1. La PTAR Macadamia cuenta con tres filtros a presión, de los cuales dos funcionan en simultaneo y el otro no está operando, el cual se recomienda usar, lo cual aumentaría la tasa de filtración de la planta, reduciendo la saturación de los lechos filtrantes de los de los otros filtros. Esto reduciría el gasto de energía y agua para los procesos de retro lavado de los filtros y aumentaría la eficiencia tratamiento de la PTAR.

2. Revisar los lechos filtrantes, debido que al pasar el tiempo se podría reducir su espesor por el deterioro y compactación del material filtrante, hasta causar cambios en los resultados del color o turbiedad significativos y/o hacer cambio de los lechos en caso de notar que su eficiencia ha disminuido.

3. Realizar un muestreo compuesto de 8 horas por 3 días en la semana para verificar el comportamiento de la concentración de DBO en el agua residual y la variación de caudal.

4. Hacer curvas de oxigenación para garantizar una óptima oxigenación del licor mezcla del reactor biológico, dado que previa la evaluación no se encontraron memorias de estas curvas.

5. Llevar registro de las operaciones de mantenimiento, cambio y limpieza que se realicen dentro de la PTAR.

6. Al no contar con un sistema de recirculación de lodos, se recomienda hacer la purga del clarificador cada 6 meses aproximadamente, para evitar la saturación del mismo, ya que el exceso de lodo puede provocar un concentración elevada de SSLM sería, dando una relación F/M baja, lo que afecta el crecimiento de los microorganismos, la

decantabilidad del licor mezcla, la formación de espumas y el volumen útil de las unidades (Calderon Molgora).

7. Se recomienda hacer una purga del tanque de homogenización, al menos una vez por año, ya que al ser una unidad de almacenamiento sin un flujo contante de circulación del fluido y encontrarse sellado, se pueden presentar procesos anaerobios los cuales generan olores ofensivos y gases que pueden afectar la integridad física de la estructura, por otro lado, se puede dar sedimentación dentro de la, lo que disminuye su volumen útil.

8. Hacer limpieza manual diaria de las unidades de cribado y desarenador.

# 7. CONCLUSIONES

- La PTAR Macadamia fue diseñada para un caudal de *5,82 l/s* para un total de 1000 habitantes, y de acuerdo al aforo realizado la planta está operando con un caudal de *1,5 L/s* máximo aproximado. Esto se debe a que en la proyección del caudal de diseño se estimó que la población objetiva para la cual se diseñó la PTAR residiría a diario en el conjunto residencial, pero este conjunto maneja un flujo intermitente de residentes, algunas viviendas esta desocupadas; en conclusión, dentro del conjunto no se residen la población neta para la cual se diseñó la PTAR, por lo cual se estima que la planta opera a un máximo aproximado del 40% de su capacidad.

- El tiempo de retención hidráulico obtenido para el desarenador es de (3,46 min), lo cual cumple con lo estipulado con el RAS 2000 Titulo E, numeral E.4.4.4., para este tipo de unidad debe estar entre *20 s y 3 min*.

- El valor calculado de carga superficial del desarenador fue de *51,48 m/h*, cumpliendo con lo establecido por el Titulo E del RAS 2000.

- El tiempo de detención para el reactor biológico 1 calculado fue de *8,29 h*, para los reactores 2,3 y 4 fue de *8, 53 h* para cada reactor en serie, con base en estos tiempos de detención estarían dando cumplimiento a los parámetros de diseño establecidos por el Titulo E del RAS 2000, el cual estipula un rango de *4 – 8 h*.

- Los valores de carga obtenidos para los reactores biológicos están entre los *0, 74 KgDBO5/m³/d* y *0,76 KgDBO5/m³/d*, estos valores están dentro del rango permitido para carga volumétrica de *0.3 - 1.0 KgDBO5/m³/d*, estipulado por el Titulo E, del RAS 2000.

- El caudal de aire requerido por el sistema de lodos activados es de *187 m³/h*, en relación al instalado de *180 m³/h,* cumple con las necesidades por el sistema biológico, el cual se puede evidenciar en la calidad del efluente (ver numeral 5.11, tabla 30).

- Con las condiciones de diseño instaladas en la PTAR, como se muestra en la *tabla 20*, y al comparar con el valor establecido en el Titulo C del RAS 2000, numeral C.5.5.1.1, donde reglamenta un valor del gradiente de velocidad en un rango entre *20*

$s^{-1}$ y *70 s⁻¹*, en referencia con el gradiente calculado de 20,160 s⁻¹, podemos concluir que este se encuentra dentro del valor reglamentado por el Titulo C del RAS 2000.

- Con base a la corroboración de los parámetros de diseño del clarificador, se obtuvo un tiempo de detención hidráulico de *16 min*, que al ser comparado con el Titulo C del RAS 2000 se encuentra dentro del rango de *10-16 min*, otro parámetro verificado fue la carga superficial, para la cual se calculó un valor de *176 $m^3/m^2*d$* y de acuerdo a la norma nacional, esté valor debe estar entre los *120 – 185 $m^3/m^2*d$*, por lo cual podemos concluir que cumple al reglamento, y por último se obtuvo un número de Reynolds calculado de *314* y con base al Título C del RAS 200 este debe ser menor de 500, por consiguiente concluimos que el clarificador cumple con las condiciones de diseño estipuladas por el RAS 2000.

- Se obtuvo una pérdida de carga teórica total de *37 cm*, y se hizo la verificación de nivel en campo; lo cual nos garantiza un buen funcionamiento hidráulico tanto de reboces como de aducciones, garantizando que no se presentaran inundaciones o desbordamientos en las unidades de tratamiento.

- Como se evidencio en los resultados de la *tabla 32* la planta cuenta con una eficiencia de remoción de contaminantes criterio que se encuentra sobre el 80%, garantizando una buena calidad del afluente vertido. Con base en estos resultados, podemos decir que la Planta de tratamiento de agua residual del conjunto Residencial Macadamia, opera bajo excelentes condiciones de remoción de $DBO_5$, grasas y aceites y solidos suspendidos totales, de acuerdo a las cargas que estipula la Resolución 0631 de 2017.

# 8. BIBLIOGRAFÍA


Lopez-Vazquez, C., Buitrón Méndez, G., Cervanes Carrillo, F., & Hernández García, H. (2017). *Tratamiento biológico de aguas residuales: principios, modelación y diseño.* Londres: IWA Publishing.

Acueducto Rural de Tres Quebradas. (2018). *Permiso de vertimientos, una autorizacion de construccion de obras hidraulixas para la ocupación de cauce y se tomar otras determinaciones.* La Calera: Coorporacion Autonoma Regional.

Andía Cárdenas, Y. (2000). *TRATAMIENTO DE AGUA COAGULACIÓN Y FLOCULACIÓN.* Obtenido de sedapa.con: http://www.sedapal.com.pe/c/document_library/get_file?uuid=2792d3e3-59b7-4b9e-ae55-56209841d9b8&groupId=10154

Básico, M. d. (2000). *TRATAMIENTO DE AGUAS RESIDUALES TITOLO E.* Bogota D.C: Ministerio de Desarrollo Económico Dirección de Agua Potable y Saneamiento Básico.

Calderon Molgora, C. (s.f.). *OPERACION DE PLANTAS DE LODOS ACTIVADOS.* Obtenido de documentacion.ideam.gov.co: http://documentacion.ideam.gov.co/openbiblio/bvirtual/018834/MEMORIAS2004/Capitul oII/7OperaciondeplantasdelodosactivadosCesarCalderon.pdf

Droste, R. L. (1997). *Theory and practice of water and wastewater treatment. Jhon Wiley and Sons.* Canada: Inc. Canada.

HAZEN AND SAWYER, & NIPPON KOEI. (2011). *INFORMACIÓN COMPILADA DE LOS SISTEMAS DE TRATAMIENTO DE AGUAS RESIDUALES DISPONIBLES Y APLICABLES AL PROYECTO.* Coorporacion Autonoma Regional (CAR).

Herrera, O., Ortiz, M., & Rincon, A. (2014). Esquema para el dimensionamiento de unidades de sedimentación de alta tasa de flujo ascendente. *Entre Ciencia e Ingeniería*, 29-40.

Knobelsdorf Miranda, M. J. (2005). *ELIMINACIÓN BIOLÓGICA DE NUTRIENTES EN UN ARU DE BAJA CARGA ORGÁNICA MEDIANTE EL PROCESO VIP.* Barcelona: Universidad Politécnica de Cataluña.

Lopez Cualla, R. (2003). *ELEMENTOS DE DISEÑO PARA ACUEDUCTOS Y ALCANTARILLADOS .* Bogotá: Escuela Colombiana de Ingenieria.

LOZANO-RIVAS, W. (2012). *CURSO FUNDAMENTOS DE DISEÑO DE PLANTAS DEPURADORAS DE AGUAS RESIDUALES.* Bogota: Universidad Piloto de Colombia.

LTDA, T. (2010). *MANUAL DE OPERACIÓN Y MANTENIMIENTO PLANTA DE TRATAMIENTO DE AGUAS RESIDUALES DOMESTICAS.*

METCALF & EDDY. (1995). *INGENIERIA DE AGUAS RESIDUALES TRATAMIENTO, VERTIDO Y REUTILIZACION* (TERCERA ed., Vol. 1). Madrid: McGRAW-HILL. INC.

Ministerio de Vivienda, C. y. (2017). *Resolucion 0330.* Bogota: MVCT.

*Reglamento Técnico del Sector de Agua Potable Y Saneamiento Básico Titulo A.* (2000). Bogota: MINISTERIO DE DESARROLLO ECONOMICO Dirección General de Agua Potable y Saneamiento Básico.

*REGLAMENTO TECNICO DEL SECTOR DE AGUA POTABLE Y SANEAMINETO BASICO. Titulo E Tratamiento de Aguas Residuales.* (2000). Bogota: M.

ROJAS ARBELAEZ, S. M., & TORRADO LEMUS, D. (2007). *IMPLEMENTACIÓN DE UNA UNIDAD PILOTO DE FLOCULACIÓN LASTRADA PARA EVALUAR SU COMPORTAMIENTO EN EL TRATAMIENTO DE AGUAS RESIDUALES DOMÉSTICAS.* Bogota D.C: UNIVERSIDAD DE LA SALLE FACULTAD DE INGENIERÍA AMBIENTAL Y SANITARIA.

Romero Rojas, J. A. (1999). *POTABILIZACION DEL AGUA 3ra Edición.* Bogota: Alfaomega, Escuela Colombiana de Ingenieria.

Romero Rojas, J. A. (2000). *TRATAMIENTO DE AGUAS RESIDUALES. Teoria y principios de diseño.* Bogota: Escuela Colombiana de Ingenieros.

MIX
Papier aus verantwortungsvollen Quellen
Paper from responsible sources
FSC® C105338
FSC
www.fsc.org